解码自然资本

实现“绿水青山”与“金山银山”的双向价值跃迁

李海生　吴征　著

中国环境出版集团·北京

图书在版编目（CIP）数据

解码自然资本：实现“绿水青山”与“金山银山”的双向价值跃迁 / 李海生，吴征著. -- 北京：中国环境出版集团，2025.7. -- ISBN 978-7-5111-6287-8（2025.12重印）

Ⅰ. X321.2

中国国家版本馆 CIP 数据核字第2025PL8551号

责任编辑　田　怡　张　佳　刘梦晗
装帧设计　庄　琦

出版发行　中国环境出版集团
（100062　北京市东城区广渠门内大街 16 号）
网　　址：http://www.cesp.com.cn.
电子邮箱：bjgl@cesp.com.cn.
联系电话：010-67112765（编辑管理部）
010-67175507（第六分社）
发行热线：010-67125803，010-67113405（传真）

印　　刷　北京鑫益晖印刷有限公司
经　　销　各地新华书店
版　　次　2025 年 7 月第 1 版
印　　次　2025 年 12 月第 2 次印刷
开　　本　787 × 1092　1/16
印　　张　12.25
字　　数　153千字
定　　价　80.00元

著作委员会

主　　任： 李海生　吴　征

副 主 任： 仝占军　张　理　高艳妮　薛　婕

参与人员： 张　璐　吴　静　雷　硕　崔江龙　王斯一

吕连宏　李　珂　张　宏　刘成程　孙倩莹

王世曦　杨春艳　刘　学

解振华

曾任中国气候变化事务特使

工业革命以来，全球平均气温上升了1.55℃，超过75%的土地出现了大幅退化，生物多样性以前所未有的速度下降，32亿人的生计受到威胁——全球生态系统面临空前危机。以牺牲自然为代价的发展模式不仅将地球推向生态临界点，也让日益扩大的生态治理赤字成为制约人类社会可持续发展的关键瓶颈。

当前，世界百年变局加速演进，各种新旧问题与复杂矛盾叠加碰撞、交织发酵，国际社会在生态保护的共识凝聚与协同行动上尚存明显短板。传统发展模式与生态保护的深层冲突难以调和，自然资本价值更未有效融入全球经济体系，导致利益相关方参与生态保护与投资的内生动力匮乏。在此背景下，重塑人与自然的关系，化解全球生态治理赤字，是全人类刻不容缓的共同使命，亟须国际社会凝聚共识，协同行动，持续韧性努力。

在全球生态治理深陷前所未有的困局之际，《解码自然资本：实现“绿水青山”与“金山银山”的双向价值跃迁》一书的问世恰逢其时。该书以“绿水青山就是金山银山”理念为指引，创新性地提出数智技术与绿色金融赋能下的“以保护者受益为核心，让自然资本高质量变现”的新范式，犹如一把洞悉症结的钥匙，为全球生态治理提供了及时且具有突破性的破局思路，契合全人类对可持续发展的共同追求。

自然资本不仅是生命存续的基础，也是驱动高质量发展的战略性资本。该书从全球视角阐明了自然资本在全球治理中的关键地位和战略性价值。依托现实世界资产通证化与智能合约技术，创新性地提出“自然币”概念，为破解自然资本的全球流动性梗阻提供了突破性方案。通过对保护者、运营者、投资者、监管者等多元主体权责边界的清晰界定，将生态保护转化为一项具有内生可持续性的经济活动，形成“保护即收益”的新型生态保护路径。这不仅是中国理念与智慧的国际输出，也为全球生态资源的统筹调动、国际生态合作提供了兼具可操作性与可持续性的方案，可助力全球生态治理从“单边行动”迈向“互利共赢”。

在充满挑战与机遇的当下，本书不仅是对自然资本理论、实践与新范式的系统阐述，也是唤醒全社会、全人类生态保护自觉的时代强音。期待本书的出版能够为全球生态治理参与者提供有益的借鉴与启示，帮助更多国家和地区结合自身资源禀赋，探索适合本土的自然资本转化路径，突破生态治理困局。愿其能推动国际社会在自然资本价值实现领域深化合作，共同书写人与自然和谐共生的新篇章，让“绿水青山”与“金山银山”的双向转化在更广阔的世界舞台上成为现实。

2025 年 7 月于北京

彼得·诺贝尔

诺贝尔可持续发展基金会主席

在全球迈向可持续发展的征程中，各地区正取得显著进展。作为诺贝尔可持续发展基金会主席，本人有幸见证了诸多应对生态挑战的国际实践。其中，致力于构建生态文明的探索尤具启示价值。

自工业革命以来，人类经济腾飞的代价是环境持续恶化：资源过度开发致生态系统不堪重负，气候变化构成全球威胁，生物多样性锐减，土地退化不断侵蚀自然与社会根基……究其本质，实因狭隘经济范式漠视自然内在价值，将生态体系简单视为攫取对象，而非永续繁荣之基。

在此背景下，“绿水青山就是金山银山”理念应运而生，为协调生态环境保护与经济发展开辟新径。该理念摒弃“增长必损环境”的陈旧认知，力证环境保护恰是经济活力的源泉。通过将自然重新定义为核心资本形态，引导人类构建更全面的繁荣发展观。

本书深入剖析该理念内涵的理论与实践路径，搭建了当代自然资本价值实现的理论框架，通过科学量化自然要素的经济价值，推动其系统化融入金融与政策体系，为各国及机构迈向生态可持续转型提供创新指引与实践参考。

本书论证了如何赋予自然资源资本属性，使其实现可量化、可交易、可增值，从而创造保护新动能。在理论层面，将自然资本纳入国民经济核算体系，可确保自然对经济的贡献获得价值确认；在政策层面，精准评估保护成本与收益，完善生态补偿与治理机制。

此外，本书还探讨了如何协同新兴技术和绿色金融工具实现自然资本价值。书中提出了融合数字技术与绿色金融的“数字生态证券”创新模式，构建了市场化生态保护激励机制。这种数字技术创新与可持续金融双轮驱动下的模式，为资源调配与激励协同开辟了新通道。

最后，本书前瞻性地描绘了自然资本框架及其如何助力构建更具韧性的经济社会生态系统，为全球可持续发展对话贡献了深度思考。其所提炼的实践工具与跨文化、跨国界的普适性洞察，具有广泛的应用价值。

值此全球生态挑战日益严峻之际，本著作的出版恰逢其时。其思想与方法必将启迪反思、激发创新、驱动行动，协力缔造人与自然和谐共生的可持续未来。

Peter Nobel

2025 年 6 月 18 日

序言原文

In the global journey toward sustainable development, significant progress is being made in various regions. As Chair of the Nobel Sustainability Trust Foundation, I have had the privilege of observing numerous international efforts aimed at addressing ecological challenges. Among them, certain initiatives focused on building what is often referred to as an "ecological civilization" offer especially valuable insights.

Since the Industrial Revolution, humanity has experienced tremendous economic growth—yet at the cost of increasing environmental degradation. Excessive exploitation of natural resources has left ecosystems under strain, climate change poses a global threat, biodiversity is rapidly declining, and land degradation continues to endanger both nature and society. Much of this can be attributed to a narrow economic paradigm that overlooks the intrinsic value of nature and treats ecological systems primarily as extractive resources rather than as foundations for long-term prosperity.

Against this backdrop, new ideas have emerged that offer a fresh approach to aligning environmental stewardship with economic development. One such concept is that "lucid waters and lush mountains are invaluable assets". This principle challenges the outdated perception that economic growth must come at the environment's expense. Instead, it asserts that environmental protection can and should be a driver of economic vitality. By reframing nature as an essential form of capital, it invites a more holistic understanding of prosperity.

This book explores the theoretical and practical implications of that principle, providing a framework for realizing the value of natural capital in today's world. It offers both innovative guidance and real-world references for countries and institutions aiming to transition toward ecological sustainability. By attributing economic value to natural elements, it becomes possible to incorporate nature into financial and policy systems in a structured, measurable way.

The book outlines how assigning capital characteristics to natural resources can make ecological assets quantifiable, tradable, and appreciable, creating new incentives for conservation. On the theoretical side, integrating natural capital into national accounting frameworks ensures that nature's contributions to the economy are recognized and valued. In terms of policy, this approach enables more accurate evaluation of conservation costs and benefits, improving mechanisms for environmental compensation and governance.

Moreover, the book examines how emerging technologies and green financial instruments can support the realization of natural capital value. It introduces the concept of

Digital Ecological Securities, combining digital tools with environmental finance to create market-based solutions that reward ecological protection. This dual approach—leveraging both digital innovation and sustainable finance—offers new pathways for mobilizing resources and aligning incentives.

Ultimately, the book presents a forward-looking vision of how natural capital frameworks can help societies build more resilient economies and ecosystems. It offers a thoughtful contribution to the global dialogue on sustainability, highlighting practical tools and insights that can be adapted across cultural and national contexts.

As the world continues to confront increasingly urgent ecological challenges, this work arrives at a timely moment. Its ideas and methodologies are likely to inspire reflection, innovation, and action—supporting a shared global effort toward a more sustainable and harmonious future.

June 18, 2025

汤奇峰

正高级工程师、国务院政府特殊津贴专家、上海市领军人才
上海数据交易所总经理、大数据流通与交易技术国家工程实验室理事长

2025年是“绿水青山就是金山银山”理念提出20周年。这一科学论断深刻揭示了生态保护与经济发展的辩证统一，指导中国生态文明建设发生了历史性、转折性、全局性的变化，得到了国际社会的高度肯定。然而，如何将“绿水青山”转化为“金山银山”，既是生态文明建设的核心命题，也是全球经济绿色转型的破局之道。

作为数据要素市场化改革的实践者，上海数据交易所见证了数据如何重塑自然资本的命运。在认知与开发方面，大数据分析和人工智能技术能深度挖掘地质、气象、生态等数据，实现资源储量的更精准评估、分布预测和开发潜力分析，避免了不必要的环境扰动和资源浪费；在监测与管理方面，利用物联网、卫星遥感等实时数据流，可以对森林覆盖、水资源状况、土壤墒情、矿产开采活动等进行全面动态监测，为实施精细化管理、风险预警、生态修复提供精准依据，有效提高优质生态产品供给能力；在产业与价值方面，促进传统产业绿色转型，通过数据交易市场，构建“数据资源—数据资产—数据资本”的转化链条，持续推动生态资源要素的转化，将隐性的生态价值转化为可计量、可交易的数据，实现环境效益与经济效益的共生。

结合上海数据交易所长期以来的行业观察与实践，我认为，数据要素化正在重构可持续发展的底层逻辑，推动生态资源从“被动保护”转向“主动增值”。这场由数据驱动的绿色革命，正在书写人类文明与自然生态协同进化的崭新篇章。

数据不仅是生态价值的“翻译器”，也是金融创新的“催化剂”。本书提出的“绿水青山”与“金山银山”的利益均衡与相互转化，与中国正在探索的数据要素化实践高度契合，兼具理论深度与实践价值，为解决世界性难题——同步提升发展“含绿量”和生态“含金量”——提供了充满希望的新思路，期待本书点燃更多“点绿成金”的创新之火！

2025年7月

前 言

工业革命以来，以资源过度利用为代价的经济发展损耗着全球自然资源，造成了气候变暖、生物多样性下降、土地退化等全球性生态环境问题，威胁着人类福祉和可持续发展。马克思曾指出，“当利润达到10%时，便有人蠢蠢欲动；当利润达到50%的时候，有人敢于铤而走险；当利润达到100%时，他们敢于践踏人间一切法律；而当利润达到300%时，甚至连上绞刑架都毫不畏惧”。全球性生态环境问题归根结底是由人类追求利益的本性驱动的。如果使保护自然资源、改善生态环境成为“有利可图”的事业，那么可以激发保护者的内生动力，吸引更多主体主动参与自然生态保护。

中国建设生态文明，践行“绿水青山就是金山银山”“保护生态环境就是保护生产力，改善生态环境就是发展生产力”等重要理念。“绿水青山”代表的是自然资源，“金山银山”代表的是物质财富，“绿水青山就是金山银山”的发展思路就是在保护自然资源、改善生态环境的同时，让“绿水青山”转化为强大的生产力，成为驱动经济发展的新动能，推动“要我保护”到“我要保护”的根本性变革。

具备有用性、稀缺性、增值性特征且产权明确的自然资源便成为自然资本。自然资本的合理利用与转化是实现“绿水青山”到“金山银山”的根本路径，其关键是要着力破解自然资本价值认识不充分、利益主体不协同、交易体系不健全、资金渠道不畅通等问题，使保护者、投资者等利益相关方能获利、有动力。

当前，人工智能、大数据、区块链等新一代信息技术的快速兴起，为自然资本价值转化各环节的数智化改造，各要素的便捷流动、精准匹配、高效利用提供了重要的技术支撑；全球可持续发展与新兴产业的迭代升级，绿色金融产品数量和规模的突破式增长，为保护自然、投资自然、增值自然注入了强大的资金支持。数智技术与绿色金融有望成为推动自然资本变现的重要引擎。

为激发保护生态环境的内生动力，拓宽与畅通自然资本变现路径，本书构建了以保护者受益为核心，以数智技术、绿色金融为重要支撑，包括保护者、运营者、投资者、监管者等多元利益主体的自然资本价值实现新范式。利用数智技术重构自然资本要素配置机制，加速价值实现全过程信息流通，引导和激励多元化资金流向自然资本保护和价值开发，提升金融服务效率和可达性。通过数智技术、绿色金融的双轮驱动，显著提升自然资本向经济价值的转化效能。

这种自然资本价值实现新范式下，保护者通过生态保护修复和环境治理，提升自然资本数量、质量与价值；运营者通过量化自然资本价值、设计和发行生态金融产品等，提供价值转化与增值渠道；投资者通过购买生态金融产品，为自然资本提质增效与开发经营等注入资金；监管者负责全过程合规性监督和风险防范，保障自然资本增值，维护市场公平公正。通过构建多元主体之间合理的收益分配机制，打造保护自然资源、改善生态环境的利益共同体，促进“绿水青山”与“金山银山”的双向高效转化。

全书包括上、中、下三篇，共10章。上篇以工业文明到生态文明的演化过程为起点，重新审视自然与资本的关系，论述自然资本引发经济学理论的变革，梳理隐性生态损失的量化工具，阐明“绿水青山就是金山银山”的全球战略性价值；中篇聚焦全球实践，向读者展示国内外将自然资本融入经济核算体系的发展历程，详述多元化、市场化自然资本价值实现模式，介绍自然资本管理体系；下篇直面时代挑战与机遇，重构以“保护者受益”为核心的自然资本价值实现新范式，提出“自然币”概念框架与运行模式，推动实现“天人合一”的人类命运共同体愿景。

在“双碳”目标与生态文明建设的时代背景下，系统解码自然资本，实现“绿水青山”与“金山银山”的价值互通，既是时代命题，也是可持续发展的必答题。为完成此书，研究团队深入生态保护一线调研，梳理国内外前沿理论与实践案例，力求在自然资本核算、价值实现机制等关键领域形成创新性见解。本书第一章由王斯一、李珂、张宏完成，第二章由吴静、吕连宏、张宏完成，第三章由吴静、李珂、刘成程完成，第四章由张璐、高艳妮、孙倩莹、薛婕完成，第五章由张璐、高艳妮、王世曦、张理完成，第六章由雷硕、吴征、崔江龙、杨春艳完成，第七章由张璐、全占军、高艳妮、薛婕完成，第八章由李海生、张璐、雷硕、崔江龙、吴静、高艳妮、刘学完成，第九章由李海生、吴征、雷硕、张理、张璐、崔江龙完成，第十章由全占军、雷硕、张璐、薛婕完成。最后，我多次召集团队研讨，修改完善，并最终定稿。

本书承载着我们对自然资本价值转化的深刻思考与实践探索，期待能引发更多关于自然资本价值挖掘的讨论，共同探寻人与自然和谐共生的长远之道。限于作者的认识、资料和时间的局限等，本书定有遗漏和错误之处，敬请读者不吝批评指正。

李海生

第十四届全国人大代表

第十四届全国人大环境与资源保护委员会委员

术语表

自然资源

自然资源是指自然界中存在的、可以被人类利用的各种物质和能量，包括但不限于土地资源、气候资源、水资源、生物资源、矿产资源、海洋资源、能源资源等。

生态系统服务

生态系统服务是指人类从生态系统获得的所有惠益，包括供给服务、调节服务、文化服务以及支持服务。

自然资产

自然资产是指具有稀缺性、有用性且产权明确的自然资源及生态系统服务。

自然资本

广义上的自然资本包括自然资源和生态系统服务。狭义上的自然资本是指能够实现价值增值的自然资产。

绿水青山就是金山银山

“绿水青山”代表的是自然资源，是生态环境；“金山银山”代表的是物质财富，是经济发展。“绿水青山就是金山银山”理念阐释了生态环境与经济发展之间相互依存、相互促进的关系。保护好生态环境能够为经济发展提供持续动力和支撑，经济的发展又可以为生态保护提供更多的资金和技术支持，从而实现两者的良性互动。

生态产品

生态产品是指生态系统为经济活动和其他人类活动提供且被使用的货物和服务贡献，可分为物质供给、调节服务和文化服务三类产品。

绿色金融

绿色金融是指为支持生态环境改善、应对气候变化和资源节约高效利用的经济活动，即对环保、节能、清洁能源、绿色交通、绿色建筑等领域的项目投融资、项目运营、风险管理等所提供的金融服务。

数智技术

数智技术是数字化和智能化的有机融合，可以理解为“数字化＋智能化”，是在数字化基础上融合应用了机器学习、人工智能等的智能技术。

数字生态证券

数字生态证券是一种以自然资本为底层资产，利用区块链等数字技术设计的创新型绿色证券产品，可以塑造自然资本影响力，推动自然资本价值的实现。

目　录

上篇：理论与方法

中篇：实践与成效

下篇：探索与创新

上篇：理论与方法

第 1 章

文明演化：“绿水青山就是金山银山”的全球战略性价值探索

工业革命前期，用“绿水青山”换“金山银山”的发展方式，深刻地伤害了我们的地球，造成人造资本日益丰富而自然资本逐渐稀缺，引发了全球生态环境和经济发展不可持续的危机。令人欣慰的是，世界开始觉醒，决策者、科学家、投资者和公众日益意识到必须遏制由于资本配置不当而引发的生态环境问题。近年来，中国加快转变发展方式，全面、系统性地提出了习近平生态文明思想，努力践行“绿水青山就是金山银山”理念，大力推动从“环境换取增长”到“生态驱动繁荣”的发展范式革命，努力让保护生态环境由被动“烧钱”的事情变为“有利可图”的主动作为，为实现全球经济增长和环境保护协同推进提供了可借鉴的解决方案。

1.1 掠夺式开发：用“绿水青山”换“金山银山”

工业革命是将人类带入现代社会的标志性事件，是人类打开工业文明大门的钥匙，也是改变人类命运和生产生活方式的重大里程碑式变革。随着工业文明的迅猛发展，世界人口爆炸式增长，资本扩张欲望膨胀，资源开发程度空前，全球自然资源快速消耗，造成了“绿水青山”逐渐消失。用“绿水青山”换“金山银山”是工业文明前期特有的现象，这种短期内以牺牲环境为代价来追求经济增长的模式，虽然带来了物质上的丰富，但从长远来看却对生态环境造成了巨大的破坏，也给人类福祉蒙上了阴影。

1.1.1 生态危机日益严重

在过去的两个世纪里，人类社会积累了大量的生产资本和人力资本，但也付出了自然资本退化的巨大代价。许多地区的自然资源被过度开采，减少了可供未来世代使用的资源。有研究指出，人类文明初期地球陆地的 2/3 被森林覆盖，约为 76 亿 hm^2；19 世纪中期减少至 56 亿 hm^2；20 世纪末期锐减至 34.4 亿 hm^2，森林覆盖率下降至 27%（Kim et al.，2014）。森林锐减直接引发了荒漠化、水土流失、干旱缺水、洪涝灾害、物种灭绝、温室效应等全球生态危机。

工业生产在消耗自然资源的同时，带来了严重的环境污染问题。2019 年，联合国环境规划署（United Nations Environment Programme，UNEP）公布的《全球环境展望 6》（GEO-6）指出，地球已受到极其严重的破坏，人类行为对生物多样性、大气层、海洋、水和土地造成了各种影响，不可逆转的环境退化对人类健康产生了负面影响。

煤炭、石油等化石燃料的大量使用，使二氧化碳、甲烷等温室气体排放急剧增加（图 1.1），导致全球气温升高、冰川融化、海平面上升等问题日益严重。世界气象组织（World Meteorological Organization，WMO）数据显示，1973—1993 年，南极半岛西部的冰层减小了 20%；1970—2021 年，极端天气、气候和水旱灾害相关的事件造成的经济损失达 4.3 万亿美元。联合国政府间气候变化专门委员会（The Intergovernmental Panel on Climate Change，IPCC）在 2018 年 10 月发布的报告中称：如果不能将全球变暖上升的温度控制在 1.5℃ 以内，我们将面临灾难性的环境崩溃。2024 年，气候变化在全球范围重新分布影响生态系统功能，《自然》（*Nature*）发表的一项研究指出，预计世界自然资本将进一步减少，与无气候变化情景基线相比，在共享社会经济路径 SSP2 ～ 6.0 的场景下，到 2100 年生态系统服务将损失 9%（Bastien-Olvera et al.，2024）。

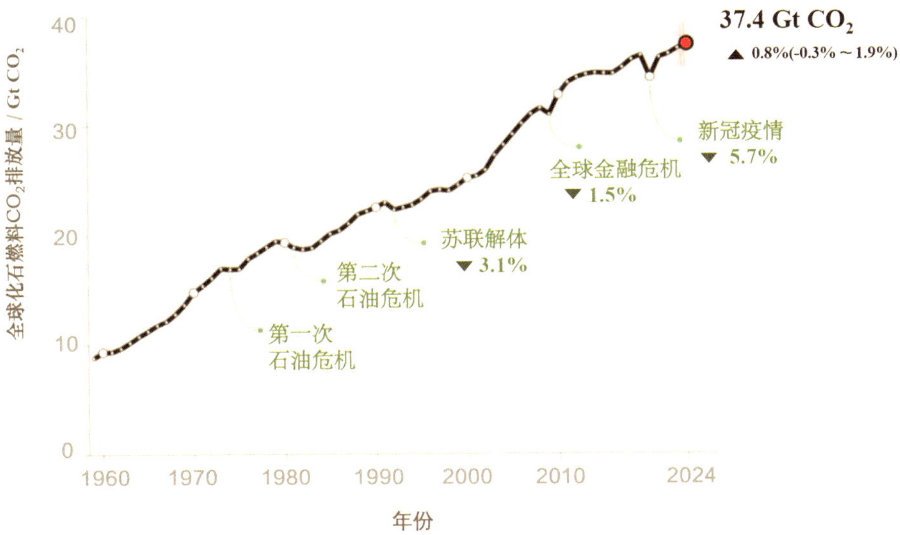

图 1.1 1960—2024 年全球化石燃料二氧化碳排放情况

［资料来源：《2024 年全球碳预算》报告， 全球碳计划（Global Carbon Project，GCP）］

注：从 20 世纪 60 年代开始，全球化石燃料二氧化碳排放量总体呈现上升趋势，尽管在几个重要时间点有轻微下降，如第一次、第二次石油危机，全球经济危机，新冠肺炎疫情等，目前还没有明显的迹象表明全球化石燃料二氧化碳排放量将达到峰值。

1.1.2 全球贫富差距加大

生产力的发展提高了自然资源利用效率，进一步刺激了对自然资源的开采力度。而全球自然资源有限且分布不均，这就决定了那些技术水平先进、资金雄厚的国家或地区，可以以更高效的方式对外进行资源开采与利用，而其他国家或地区不仅面临资源枯竭问题，还可能成为工业废弃物的接收地，承受着污染负担和健康风险，这就造成了财富向原本富裕的国家或地区进一步集中，加剧了贫富差距。

此外，在应对土地退化等生态破坏问题和适应气候变化的进程中，贫困国家或地区由于技术落后、基础设施建设不足、资金有限等会面临更大的挑战，在日益全球化的经济体系中更加脆弱。

1.2 意识觉醒：“绿水青山”正面临严重威胁

工业发展所带来的生态危机使人类深刻意识到，自身获得的物质满足和精神滋养是建立在牺牲自然、忽视生态地位及其内在价值的基础上的。自然无法维系，人类自身也无法继续前行。人类开始将目光转向大自然，转向人与自然的关系，通过公众倡议、国际合作，在生物多样性保护、气候变化应对和荒漠化防治等领域进行了一系列积极的尝试。

1.2.1 重新审视自然与经济的关系

工业革命以前，我们生活在一个“空”的世界（资源丰富、环境压力较小、生态系统相对简单的世界）（赫尔曼·E·戴利 & 乔舒亚·法利，2014）。工业革命后的几百年，人类从自然界索取了大量资源，并将大量废弃物遗弃给自然界，迫使其退化，导致不可持续的资源供给、生态破坏和环境污染，致使我们面临一个正在变“满”的世界（资源稀缺、环境承载力接近极限、生态系统压力较大的世界）（赫尔曼·E·戴利 & 乔舒亚·法利，2014）。

工业文明下，经济系统如同一个巨大的代谢体：一方面单向地从自然系统攫取资源和能源作为生产输入，另一方面则持续、大规模地向自然系统输出未经充分处理的废弃物、污染物和温室气体。这种经济增长模式忽视了自然资源的有限性和生态系统的承载力。随着经济的增长，自然资本（自然资源及生态系统服务）会物理性地转化为人造资本（工业产品、基础设施等），导致自然资本存量衰减与生态系统服务流同步萎缩。

经济系统与生态系统应该是协同演化的共生关系：生态系统作为储存自然资本的金库，通过持续产出的服务流构成支撑人类福祉的特殊财富形式。然而现实是，资源与环境制约已为经济系统设定了不可逾越的增长极限。要避免系统崩溃，必须确立"生态环境是稀缺资源"的核心认知：将其作为关键资本资产予以价值量化，将环境恶化视为经济失衡的映射，并在自然资本损耗与人造资本积累间建立动态权衡机制，方能遏制人类对生态系统的过度攫取与破坏（图 1.2）。

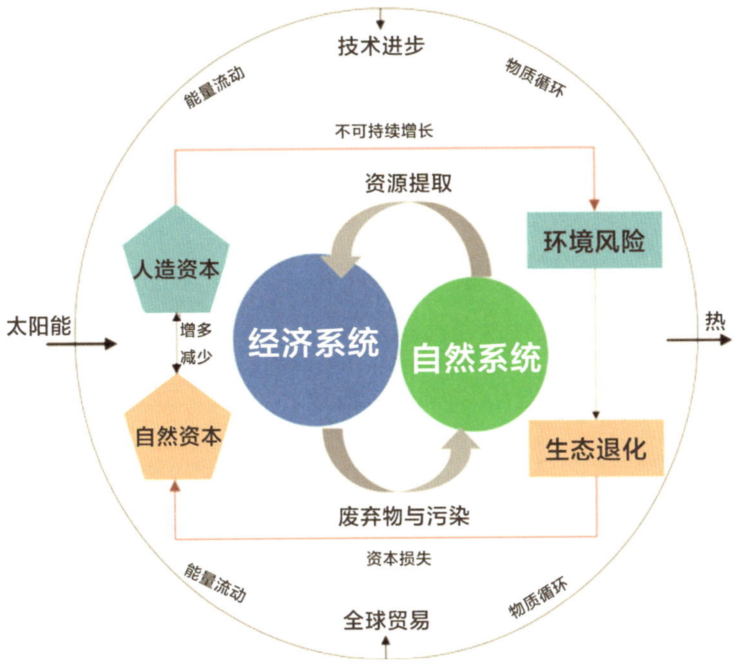

图 1.2　工业文明下自然与经济的关系

1.2.2 从公众倡议到国际合作

1962 年，蕾切尔·卡森出版的《寂静的春天》揭示了农药对环境和人类健康的危害，引发了广泛的社会反响。该书被视为现代环境保护运动的开端，推动了公众对环境问题的关注和环境保护政策的改革。

为了寻求减少环境污染的共同解决方案，1972 年经济合作与发展组织（Organization for Economic Co-operation and Development，OECD）在其《理事会关于环境政策的国际经济指导原则的建议》中提出了“污染者付费”原则。该原则强调，所有污染者都应为其造成的污染承担直接或间接的费用，以促进资源的合理利用，防止和减轻环境损害，实现社会公平。这一原则将环境损害的责任和成本归于污染者，从而推动了生态环境保护行为，促进了自然资源的有效利用，为维护生态平衡打下了基础。此后，“污染者付费”原则在全球范围内产生了深远的影响。

1972 年，联合国人类环境会议在瑞典斯德哥尔摩召开，是首届以环境问题为主要议题的世界会议。在“只有一个地球”的呼声中，会议通过了《联合国人类环境会议宣言》和《人类环境行动计划》，呼吁各国政府和人民为维护和改善人类环境、造福全体人民、造福后代而共同努力，开创发达工业国家和发展中国家就经济增长、环境污染与人类福祉之间关系对话之先河，成为全球环境保护运动的重要里程碑。

1987 年，世界环境与发展委员会向联合国大会提交《我们共同的未来》报告，提出了可持续发展的概念和政治倡议。可持续发展理念在全世界产生了深远影响。

1988 年，IPCC 成立，旨在为决策者评估气候变化及其影响，并提供应对建议。

1992 年，联合国环境与发展会议在里约热内卢召开，是世界生态环境保护历史上的重要里程碑。会议通过了《21 世纪议程》和《里约环境与发展宣言》，启动了《联合国气候变化框架公约》《生物多样性公约》《联合国防治荒漠化公约》的谈判（合称“里约三公约”），并正式成立可持续发展委员会。《21 世纪议程》作为一项关于发展和环境合作的官方全球共识，勾画出实现 21 世纪全面可持续发展的行动蓝图。《里约环境与发展宣言》在重申《联合国人类环境会议宣言》的基础上，为各国在环境与发展领域采取行动和开展国际合作提供指导原则，其中就包括“共同但有区别的责任”原则。

1997 年签署的《京都议定书》要求发达国家减少温室气体排放，推动全球气候变化谈判迈出重要一步。

2000 年举行的联合国千年首脑会议通过了《联合国千年宣言》，为推动国际可持续发展奠定了基础。2001 年，联合国环境规划署（UNEP）、世界银行等组织共同启动联合国千年生态系统评估，评估生态系统变化对人类福祉的影响，并提出了恢复、保护或改善生态系统可持续利用的政策建议，为可持续发展和生态环境保护提供了指导。

2015 年在第 21 届联合国气候变化大会上通过了《巴黎协定》，取代《京都议定书》，建立“国家自主贡献”（Nationally Determined Contribution，NDC）机制，覆盖所有国家，目标将全球升温限制在 1.5 ～ 2℃。同年，在联合国可持续发展峰会上通过的《2030 年可持续发展议程》中提出了可持续发展目标（Sustainable Development Goals，SDGs），其中，目标 13 ～ 15 聚焦气候行动、陆地与海洋生态保护。

在这一时期，许多国家开始制定环境法律与政策，并开展了大量生态环境治理工作。例如，莱茵河污染治理、洛杉矶空气污染控制、亚马孙热带雨林保护、日本琵琶湖综合治理等。同时，生态系统服务、自然资本、生态产品等概念被提出并逐渐得到重视（图 1.3）。

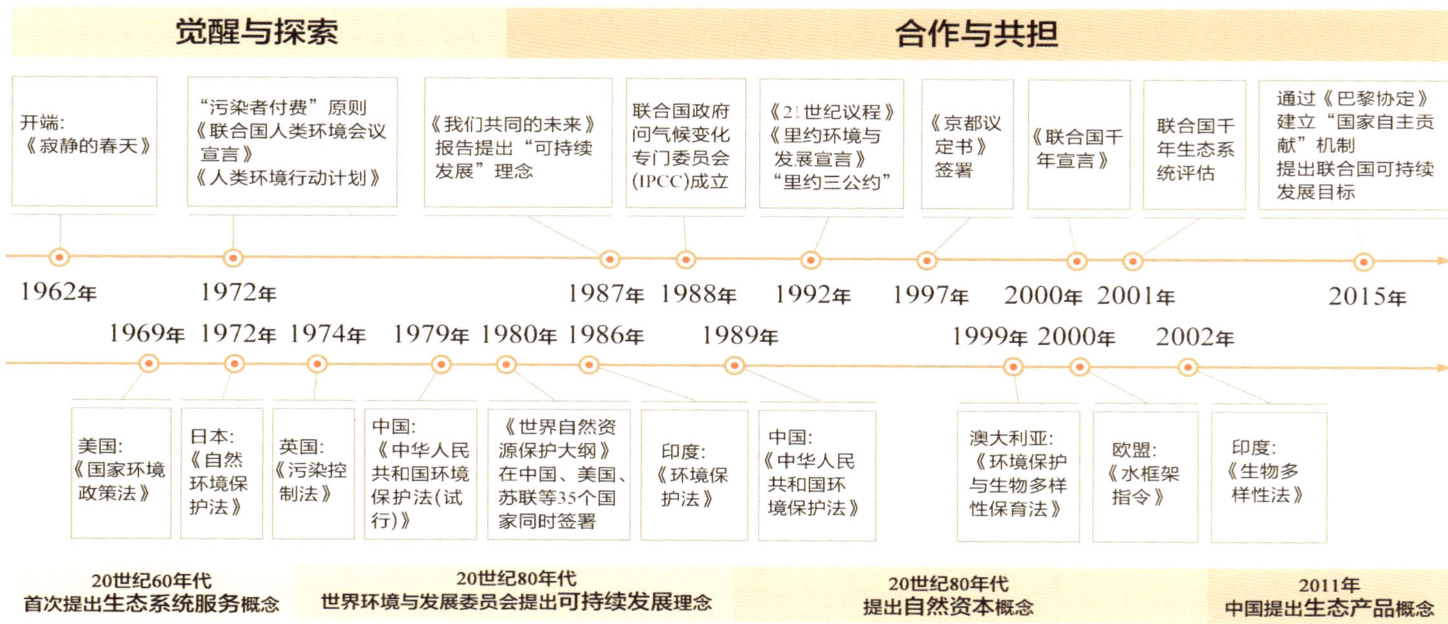

图 1.3 全球生态环境保护历程

案例一：莱茵河污染治理

1986 年 11 月 1 日，瑞士桑多斯化工厂火灾导致近 1 250 t 剧毒农药（含汞化合物、有机磷等）随消防废水倾入莱茵河，形成了 70 km 长的微红色污染带，引发欧洲史上最严重的跨国生态灾难。事故造成约 160 km 范围内多数鱼类死亡，约 480 km 范围内的井水受到污染影响不能饮用，迫使瑞士、德国、法国、荷兰四国沿岸城市沿河自来水厂全部关闭，造成数百万居民饮水危机；河床沉积的高致癌性汞污泥触发生态链崩溃，相关研究证实生态系统需 20 年修复周期。灾难最终推动流域国于 1987 年签署《莱茵河保护公约》，并成立了保护莱茵河国际委员会，在国际合作框架下，莱茵河流域各国相继签署了一系列治理协议：1987 年推出的《莱茵河行动计划》首次从整体生态系统角度统筹治理，并同步启动以鲑鱼回归为生态标志的"鲑鱼 2000 计划"；1998 年补充制定《莱茵河洪水管理行动计划》以应对洪水风险；2001 年莱茵河部长会议更进一步通过"莱茵河 2020 计划"，明确涵盖生态系统修复、防洪减灾、水质提升及地下水保护四大综合治理目标。这场被国际环境组织定性为"欧洲水生态切尔诺贝利"的事件，历经跨国协作治理，终使莱茵河在 2010 年实现鲑鱼种群复苏，成为全球流域污染治理的里程碑案例。

案例二：洛杉矶空气污染控制

20 世纪 40—60 年代，洛杉矶光化学烟雾事件成为美国工业污染的典型样本。该市逾 250 万辆机动车日均消耗 1 100 t 汽油，排放 1 000 余 t 碳氢化合物（HC）、300 t 氮氧化物（NO_x）及 700 t 一氧化碳（CO），加之炼油产业排放，在特殊地理与气象条件下酿成危机：三面环山地形阻碍扩散，频繁逆温层致使污染物持续积聚。强紫外线激发污染物产生光化学反应，生成含剧毒臭氧与过氧乙酰硝酸酯（PAN）的蓝色光化学烟雾——1955 年直接导致 400 余名 65 岁以上长者呼吸衰竭死亡，10 年内 75% 市民罹患红眼病；烟雾蔓延至百公里外海拔 2 000 m 山区，造成松林枯死、柑橘减产，1950—1951 年全美相关损失达 15 亿美元。此次灾难催化美国环境治理革命，1970 年颁布的《清洁空气法》首次将移动污染源列为核心管控对象，强制车企技术升级并实施重污染区限行。历经 40 年治理创新，尽管洛杉矶的人口增长了 3 倍、机动车增长了 4 倍多，但该地区 2004 年健康警告天数相较 1977 年的 184 天锐减至 4 天，成功实现污染物排放与经济增长脱钩。该事件不仅创建了“空气质量管理区”制度，其“科学监测—立法强制—技术革新”治理模式更成为全球大气污染管控的范式蓝本。

案例三：亚马孙热带雨林保护

占地 700 万 km^2、横跨南美洲八个国家（巴西占比六成）的亚马孙热带雨林，作为全球最大且物种最丰富的热带雨林，一直被誉为维系地球生态平衡的“地球之肺”。然而，这片孕育无数生命的绿色海洋如今正面临前所未有的生态危机，陷入“二次毁灭”的严峻境地，其中尤以巴西境内情况最为危急。数据显示，雨林整体覆盖率已从历史高位的 80% 急剧下滑至 58%，其破坏的速度触目惊心。专家推断，相比 2000 年，损失面积已达惊人的 4.4 万 km^2（相当于巴西官方统计结果的 3 倍），这意味着平均每短短 8s，就有一个足球场大小的森林在该地区彻底消失。持续的卫星监测揭示，自 1999 年 8 月以来，已有超过 2 万 km^2 森林消亡，而追溯历史，1995 年的毁林规模更是高达 2.9 万 km^2，累计至今，整个亚马孙地区被摧毁的森林面积已高达 58.2 万 km^2，甚至超过了巴西巴伊亚州的全部面积。这股破坏浪潮的根源深刻且复杂：大量人口涌入导致农耕用地需求激增，亚马孙外围大规模毁林开垦成为常态；同时，缺乏有效管控的无序采矿、道路修建及非法建房活动肆意蚕食林地；加之频发的人为与自然火灾，森林面积正承受着持续缩小的巨大压力。这种急速退化的后果极其严重，不仅造成了动植物资源的巨大损失，更引发了包括严重的水土流失、极端天气事件加剧以及土地荒漠化在内的一系列连锁环境灾难，对全球物种保护计划和气候系统稳定性构成了迫在眉睫的严峻威胁。面对岌岌可危的局势，环境保护专家发出强烈警示，强调森林作为陆地生态系统的核心，其在水源涵养、水土保持、调节旱涝灾害以及稳定气候方面有着无可替代的决定性作用，倘若当前的砍伐狂潮无法得到根本性遏制和逆转，亚马孙热带雨林这片"地球之肺"最终恐将陷入名存实亡的悲惨命运。面对严峻局面，巴西政府 2003 年启动"国家森林保护计划"，构建多重防御体系：通过设立国家级保护区网络守护核心生态区；依靠《全国环境法》及《亚马孙地区生态保护法》确立严苛追责条款（含刑责与高额罚款）；委托亚马孙热带研究所强化遥感监控与生态研究，同步提升民众环保意识；1991—2002 年更投入近 1 000 亿美元保护资金。

1.2.3 “绿水青山”的保护任重道远

尽管人类为保护地球做出了努力，但在全球范围内对自然的征服并没有停止，人类保护和治理的速度赶不上生态破坏与环境污染的速度，全球性的生态环境问题仍在增长。联合国发布的《2023 年可持续发展目标报告》显示，在新冠疫情、战争冲突、气候变化等多重全球危机的影响下，经初步评估，所有可持续发展目标中只有大约 12% 的目标正在实现；过半数目标尽管取得了一定进展，但已偏离或严重偏离轨道；约 30% 的目标没有任何进展，甚至倒退至 2015 年基线以下。现在是敲响警钟的时候了（United Nations，2023）。

究其原因，主要是人类本能地追求利益最大化，而自然资源又具有很强的公共属性，导致人类在追求经济利益时忽视了资源的有限性和环境的承载能力，在生态环境治理中产生了“搭便车”现象。此外，面对日益严峻的生态环境问题，资金投入不可或缺，而全球应对生态环境危机的行动始终存在巨大的资金缺口，迫切需要借助各类资本的投资组合和管理，寻找更加有效的解决方案来协调保护与发展的关系。

1.3 走向生态文明：“绿水青山就是金山银山”

2007 年，中国提出要建设生态文明。2015 年，中国发布了《关于加快推进生态文明建设的意见》《生态文明体制改革总体方案》，全面系统性地提出了习近平生态文明思想。生态文明建设作为一种新的发展范式，牢牢把握住了人类发展的一般规律和共性难题，以“绿水青山就是金山银山”理念为指引，着力化解经济发展与环境保护难以兼容的矛盾，推动实现人与自然和谐共生的现代化。

1.3.1 习近平生态文明思想为全球可持续发展贡献了中国方案

生态文明建设是一种对社会发展模式与现代化道路的重新探索，不仅关注经济增长和科技进步，更强调环境保护、社会福利和可持续发展，强调人与自然是生命共同体，"绿水青山就是金山银山""保护生态环境就是保护生产力，改善生态环境就是发展生产力"，环境保护与经济发展之间具有内在统一的关系。

在传统的弱可持续发展模式中，人造资本和自然资本是反向的，人造资本的扩张通常伴随着自然资本的缩减。生态文明建设推崇强可持续发展理念，强调关键自然资本提供的核心生态功能，如气候调节、水源涵养、生物多样性维持等，具有基础性和独特性，一旦损失，这些功能无法通过人造资本来复制或有效补偿。因此，必须优先确保关键自然资本的存量不减少、功能不降低。生态文明建设要改变原来的发展模式，把反向的发展转变为共耦、同向且互惠互利的发展，要从综合资本投入的角度而非单纯物质资本的角度来理解发展，通过统筹推进人造资本、人力资本、自然资本的高效协同管理，为经济体长期可持续发展筑牢核心支撑。在强可持续发展理念的支持下，应当重视对自然资本的投资，衡量自然资本的价值，确保每一项经济活动都能为未来的可持续性奠定基础，以实现人与自然和谐共生的新愿景。在此过程中，自然资本与人造资本、人力资本共同为人类提供福利。自然资本价值实现是在维持生态系统稳定和平衡的前提下，将生态系统服务的生态盈余和流量增量转化为经济财富和社会福利（图 1.4）。

中国的生态文明建设打破了长期以来存在的"环境保护与经济发展二元对立"的窠臼，为实现人类新的生态愿景和生存愿景展现了中国模板，增强了国际社会对生态文明的信心。2013 年，乔根 · 兰德斯（Jorgen Randers）撰写的《2052：未来四十年的中国与世界》，对中国的未来发展前景抱以乐观期待，理由是"资本主义的短视，已经无法做出保障长期利益的明智决策，而中国多年来实行的五年规划以及绿色转型能够以系统性的方式，将中国建设成为符合其长期目标的国家”。2013 年 2 月，联合国环境规划署第 27 次理事会将中国的生态文明理念正式写入决议案，这是从全球层面对生态文明理念的认可。2015 年，联合国对千年发展目标实现情况的评估结论认为，中国的贡献是最大的。2016 年 5 月，联合国环境规划署发布了《绿水青山就是金山银山：中国生态文明战略与行动》报告，中国生态文明理念走向了世界。联合国经济和社会事务部 2020 年汇编并发布的《可持续发展目标良好实践》（*SDG Good Practices*），整理了全球 513 项良好实践案例，其中来自中国的实践案例有 22 项。《2023 年可持续发展目标报告》显示，中国以综合指标得分 72.0 分排第 63 位，这意味着中国已完成了约 72% 的目标任务。

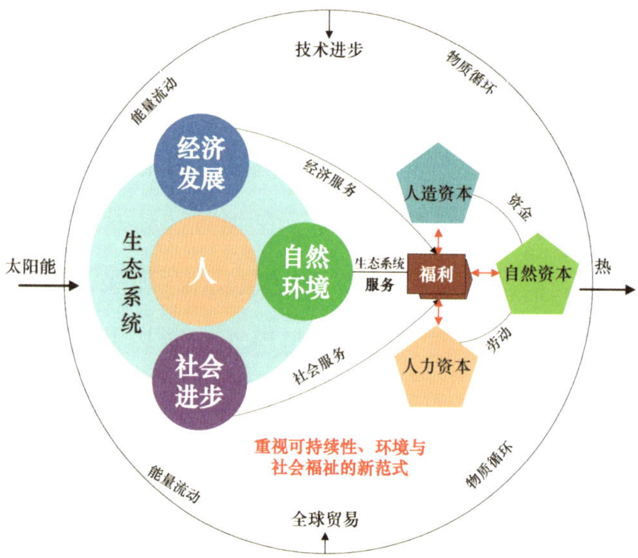

图 1.4　生态文明下自然与经济关系的新范式

1.3.2　“绿水青山就是金山银山”理念催生了人与自然和谐共生的新路径

随着人们物质生活水平的提高以及马斯洛需求层次的提升，人们的主观偏好也逐步由单一的"物质偏好"向"多元化偏好"转变。自然资本的价值逐渐被赋予更多维度的意义，人们对自然环境的认知不再仅局限于其经济价值，大自然的美学价值、生态系统服务价值和人类健康价值逐渐得到广泛认可。

"绿水青山就是金山银山"理念就是在识别自然资源价值的基础上，彻底扭转生态环境低价甚至无价的传统观点，让生态环境保护能够"有利可图"，这标志着中国对自然资本的管理有了更深层次的认识和更广泛的共识。"绿水青山"代表自然资源；"金山银山"代表物质财富。保护和发展"绿水青山"就是在培育最宝贵的自然资本，它为农业、渔业、林业等基础产业提供了不可或缺的根基和长期稳定的生产力源泉。通过植树造林、湿地恢复等生态保护举措，尽管短期经济效益可能不显著，实则是在提升自然资本的质量，强化其生态系统服务的供给能力。从长远来看，这种投资不仅能有效保障资源供给、减轻灾害风险、维护生态安全，从而筑牢发展的根基和韧性，更深层次的效益在于激发增长的动能：优质的生态环境催生生态旅游、康养等新业态，成为直接的经济增量；它赋能传统产业绿色升级，吸引高端要素聚集，提升区域核心竞争力；更是推动科技和效率革命的根本驱动力，倒逼创新、降低成本、创造新市场。因此，对生态环境的保护与改善绝不仅是成本投入，而是提升整体经济效益、塑造可持续增长模式的核心战略投资，是驱动经济社会迈向更高效、更平衡、更可持续、更能满足人民美好生活需要的高质量发展的核心引擎。

自然资本价值实现的过程就是把生态环境作为与土地、劳动力、资本一样的生产要素，让投资自然成为新的经济增长点，促进自然资源资产化、资本化，实现"要我保护"到"我要保护"的转变，从而架起"绿水青山"与"金山银山"之间的桥梁，达成生态与经济的双重可持续。"绿水青山就是金山银山"理念的实践为中国实现联合国可持续发展目标奠定了坚实基础。比如，清洁饮水（目标6）、气候行动（目标13）、水下生物（目标14）、陆地生物（目标15）的实现均与“绿水青山”直接相关；通过“绿水青山”向“金山银山”的转化，可以推动无贫穷（目标1）、零饥饿（目标2）和人类福祉（目标3）等目标的实现。

在实现“绿水青山”与“金山银山”的双向价值转化过程中，激励是解决难题的金钥匙。为进一步提高保护生态环境的积极性，需要强化自然资本价值实现的激励措施，让自然资本变成可流通、可增长、看得到的货币，让保护自然成为“有利可图”的事业。

第 2 章

理论突破：将自然资本融入经济体系

随着自然资源的日益稀缺，人类从中获取的惠益变得愈发珍贵，这一变化必然在经济价格中有所反映。如果人类能够修复或增强自然资产，并通过将其融入经济体系来改变全球投资方向，必将实现更高水平的经济增长和更深层次的环境保护。为了提升全球应对自然损失的紧迫感，人们开始重新审视自然与资本的关系，系统分析自然资本价值实现的理论机理，设计将自然资本融入经济体系的可持续增长路径，以理论和数据的形式直观地展现出自然损失及其带来的经济代价。通过“让自然发声”，唤醒人类对自然资本的珍视，推动实现人与自然和谐共生。

2.1 自然资本的内涵

自然资本是伴随可持续发展理念提出的国民财富的一种新的构成科目，是生态经济时代的特殊资本，具有自然属性、资本属性和空间属性等。

2.1.1 自然资本概念演变

"自然资本"一词的出现最早可以追溯到1988年，英国环境经济学家David W. Pearce第一次使用了"自然资本"，并且将它与可持续发展直接联系，认为可持续发展可以按照经济变化进行分类，而标准就是自然资本存量的稳定性。1990年，Pearce和Turener在《自然资源和环境经济学》中将经济学生产函数中的资本称为人造资本，进而提出了与之相对应的自然资本，并认为其与经济增长函数中的人造资本相对应，主要包括自然资源、生态潜力、环境质量以及满足人类物质和精神需求的生态服务功能，从此开启了学术界对自然资本的研究。但是，这一时期的自然资本概念还处于萌芽阶段，主要推动者为经济学家，他们普遍将自然资本视为自然资源，新古典经济学家提出自然资本与自然资源区别不大，并强调在构造经济增长函数时可以使用自然资本的概念。

1992年，《21世纪议程》明确提出开展自然资本和生态系统评估研究，可视为自然资本研究领域的分水岭。1992年以后，以Costanza和Daily为代表，越来越多的生态学家加入自然资本研究阵营，使自然资本的生态学内涵更加清晰，也使自然资本超越自然资源的范畴，具有了更多"隐性"价值。Costanza等（1997）认为，自然资本既包括如树木、矿产、生态系统、大气等有形的资本，也包括各种无形的资本，为人类提供直接和间接的财富，是全球总经济价值的一部分。2011年，联合国《迈向绿色经济》报告认可了自然资本的价值，认为自然资本是人类福祉的贡献者，是贫困家庭生计的提供者，是全新体面工作的来源（联合国环境规划署，2011）。与此同时，我国学术界开始探索自然资本的概念，政府部门推动生态系统生产总值、生态资产等的核算（欧阳志云等，2013；欧阳志云等，2020）。例如，张志强等（2001）认为，自然资本包括人类所利用的水、土壤、空气、鱼类等资源，湿地、海洋、草原等整个生命系统，以及其提供给人类的多种服务功能。王美红等（2009）认为，自然资本是在一定的经济、技术条件下可以被开发利用以提高人们生活福利水平和生存能力，并同时具有某种稀缺性、实物性的资源的总称，如能源、矿产、水资源等。方恺（2012）将自然资本定义为人类利用的自然物质、能量及自然提供的生态服务的总称。本书认为自然资本具有广义和狭义两个概念，广义上是指生态系统所提供的自然资源和生态系统服务，狭义上是指能够实现价值增值的自然资产。

自然资本的概念强调了持续提供自然资源和生态系统服务的重要性，这些资源和服务是支持经济活动和人类福祉不可或缺的。在这个基础上，财富的生成和使用不再仅是追求最大化的经济输出，而是转向维持或增加自然资本存量，确保长期的可持续发展。

2.1.2 自然资本的属性

（1）自然属性

自然资本的自然属性是指自然资本既包括森林、湿地、草原、海洋等不同类型的生态系统，每种生态系统提供不同的生态系统服务和资源，也包括一些重要的自然过程，如碳循环、水循环、养分循环等，这些过程帮助维持地球生态系统的平衡和稳定，体现其作为生态系统组成部分所固有的、不受人类意志转移的根本特征。

（2）资本属性

自然资本的资本属性是指，能够通过合理组织与管理，转化为可产生长期经济收益的资产性生态系统要素及其服务潜力，即自然资本也可以像传统经济学资本一样产生资源流或服务流，体现资本的增值特性。资本的增值性也称资本的价值增值，通过资本运作增加其价值量是资本的根本属性。自然资本同人造资本（物质资本和人力资本）一样，进入资本的循环过程，通过与劳动力结合创造出比自身价值更高的价值，通过市场交易实现其价值的增值。

自然资本的经济价值及增值性体现在三个方面：有用性、稀缺性和难以获取性。有用性，是指自然资本维持生态平衡、生物多样性和高人类福祉提供的资源和服务，具有重要的经济价值、生态价值和社会价值，能直接贡献于经济增长。稀缺性，是指自然资源供应量有限且难以快速再生，无法满足人类无限增长的需求。难以获取性，一方面指自然资本提供的许多生态系统服务，如空气净化、水源涵养、土壤保持等，难以用传统的市场价格进行衡量；另一方面指自然资本的价值核算需要大量的数据，受获取成本和技术的制约，使得数据的获得性成为重大挑战。

（3）空间属性

自然资本的空间属性强调了自然资源和生态系统服务的地理差异性、流动性及其在不同空间尺度上的影响。首先，自然资本在全球或地区的分布是不均衡的。例如，某些地区可能拥有丰富的水资源、森林资源，而另一些地区可能面临资源匮乏或生态脆弱的情况，这种空间上的差异直接影响资源的开发利用和保护措施的制定。其次，生态系统服务（如水文调节、空气净化、碳固定等）在空间上是动态流动的。例如，森林通过蒸腾作用和水分循环对周围区域的气候和水资源进行调节。自然资本的空间属性要求我们认识到这些服务不是局部的，而是跨区域甚至跨国界的，具有显著的外溢效应。最后，一些自然资本具有明显的局地型特征，例如，某些地区的土地肥沃适合农业生产，某些地区的矿产资源丰富。这种地方性特征决定了不同地区对自然资本的依赖程度以及利用方式。

2.1.3 自然资本的特点

（1）大多数为公共产品

多数自然资本具有非竞争性和非排他性的特征，且某些自然资本（如空气）在产权界定上属于国家资本甚至全球资本，明显具有不同于其他资本形态可以私人拥有的特性（王华梅 & 程淑兰，2017）。

非竞争性表现在自然资本的使用中，某些资源的使用不会直接减少他人使用的机会。例如，某沿海化工厂向远离居民区的深海排放经过处理且符合环保标准的废水，由于深海区域广阔且水流湍急，废水被迅速稀释扩散，短期内未显著影响周边海域的生态承载能力。在这种情况下，该企业的排污行为不会立即减少其他企业（如附近渔业公司）在同一海域的合理排污或资源使用权，因为自然资本（深海的水体自净能力）在阈值内具有非竞争性。

自然资本的非排他性意味着无法通过市场机制将其完全排除在他人使用之外。空气、阳光和水等资源通常是公共资源，任何人都能平等地享有这些资源。例如，除非对水资源进行特定的管理和控制，否则某一地区的水资源是无法通过物理手段排除其他人使用的。这个特性使得自然资本不容易被私人个体或企业单独拥有或支配。

（2）不可替代

自然资本承载着人类生存与经济发展对生态系统经济功能的需求，核心组成部分包括自然资源和生态系统服务，前者指的是可供人类利用的自然资源，如水、土地、能源等；后者指的是生态系统提供的服务，包括净化环境、调节气候、维持生物多样性等。这些自然资本为人类社会提供了生存的基础，同时是经济活动得以开展的前提。

自然资本具有稀缺性，其生态功能和服务无法通过人造技术或金融手段实现本质性替代。生态系统过程（如生物地球化学循环、基因库演化）具有亿万年形成的复杂性和时空特异性，其提供的支撑生命存续的基础服务（如氧气生成、土壤形成、气候系统稳定）以及生物多样性所蕴藏的进化潜能和信息价值远超当前科技复现能力，一旦丧失将导致人类生存与发展根基的不可逆崩塌，即便投入巨额资本也难以重建原生系统的完整功能网络。

此外，自然资本具有刚性和有限性，这意味着它的承载能力是有限的。自然资源的再生周期通常较长，如森林资源的再生、地下水的补充等，都有一定的时间限制。在此过程中，生态系统的修复能力也存在边界，若人类活动超出了生态系统的承载能力，生态环境将无法及时恢复，甚至可能导致生态功能的永久性丧失。

因此，对人类来说，资源和生态系统服务的供应是有限的。尽管技术进步能提高资源利用效率，但人类社会发展的根基始终在于自然资本的承载能力。这种承载能力受到物理定律（如能量守恒、熵增）、生态阈值（如可再生资源的再生速率极限、污染物的环境容量极限）以及生态系统复杂性（生物多样性和系统稳定性）的刚性制约。发展经济不能仅靠科技进步或人造资本积累，而必须以可持续的自然资本管理为基础。无论是能源使用、农业生产、工业活动还是城市发展，都必须尊重生态环境负荷，确保不超越自然资本的承载极限。未来的可持续发展必须立足于对自然资本的珍视，需要采取更负责任的资源管理策略，积极推动绿色技术应用，减少破坏，加强生态保护和修复。这不仅关系到当代人的生存与福祉，更关乎为后代创造可持续发展的环境。

（3）难以准确评估

自然资本的存在形式多种多样，既包括自然资源（如土地、水等），也包括生态系统服务（如空气净化、水循环、气候调节等），使自然资本的价值评估成为一项非常复杂的任务。其一，评估范围较难量化，且标准难以统一。例如，资源存量与生态系统服务需采用不同计量方法。其二，评估需跨越生态、经济、社会多领域并协调利益诉求各异的多元主体。其三，每一种形式的自然资本可能涉及多个生态过程，且这些过程通常相互交织和相互依赖。例如，湿地不仅提供水源，也提供碳储存、物种栖息以及水质净化等服务，评估其综合价值需要考虑各类服务之间的复杂关系。最后，自然资本的价值评估还受到时间和空间的影响。例如，某些生态系统服务可能具有较长的时效性（如碳储存），而某些服务可能对局部区域更为重要（如水源涵养）。因此，在进行自然资本价值评估时，需要考虑它们在不同时间和空间尺度下的变化和影响。目前，亟须建立包含核算对象与边界设定、主要指标体系确定、方法与参数选取以及生态系统服务在内的非市场定价方式的统一标准。只有实现自然资本的量化和货币化，才能使自然资本进入市场流通。

（4）收益不确定

区别于经济学资本，自然资本投资的收益时间和收益范围不确定性较高。首先，自然资本投资的回报往往表现为长期和渐进的效益。例如，植树造林和土壤的恢复可能需要几十年才能看到显著的生态效益。其次，自然资本的价值受到外部因素的影响较大，特别是气候变化、政策调整、自然灾害等因素，这些外部因素使得自然资本投资的收益时间更加不可预测。例如，随着全球对气候变化和生态保护的关注度提升，相关政策和资金支持也在不断变化，从而改变了投资回报的时间和范围。另外，森林生态系统可能因气候变化而发生火灾、病虫害等灾害，导致投资的自然资本价值大幅下降。再次，自然资本的投资收益不仅是单一的经济回报，往往还包括多个方面的回报，如生态效益（碳存储、水源涵养、土壤肥力等）、社会效益（改善居民生活质量、创造就业机会等），以及间接的经济效益（提升生态旅游收入等）。这种多样性使得投资的收益范围较难量化，且跨越多个领域，涉及不同的利益相关者。最后，自然资本的回报可能不完全通过市场化手段体现。例如，生态系统服务（如碳固定、空气净化等）虽然在某些情况下可以通过碳市场等方式进行交易，但许多自然资本的效益是难以通过价格来充分反映的，这使得其投资回报难以完全市场化，具有更大的不确定性。

因此，对自然资本进行投资时，收益时间和范围的不确定性源于多种因素，包括长期性、外部环境变化、复杂的收益形式、政策干预、突发事件等。与传统金融投资不同，自然资本投资通常需要较长的时间来兑现回报，且回报的具体形式和范围不仅仅局限于经济效益，还包括生态和社会层面的多重效益。由于这些复杂因素，投资自然资本的风险和收益具有较高的不确定性，投资者需要具有长期视野，并灵活应对外部环境变化。

2.2 自然资本对传统学科的传承

自然资本的概念和理论是多学科基础理论的交汇点，但是主要从生态学和经济学界发展而来（王华梅 & 程淑兰，2017）。生态学提供了自然资本的生态学基础，经济学阐明了自然资本的价值与资源利用的关系，可持续发展理论为其应用提供了战略框架。

2.2.1 稀缺性理论为自然资本提供基础理论依据

新古典经济学的稀缺性理论强调，资源（包括环境资源）是有限的，并且可以用于多种不同的目的。当某种资源的使用成本超过零，即该资源具有稀缺性时，就会引发竞争性使用，导致资源的供求关系受到价格机制的调节，从而产生市场价值。这个理论的核心思想在于资源的有限性，而自然资本本身正是这种有限资源的典型代表。自然资源和生态系统服务的稀缺性意味着它们不能无限供应给人类使用，且不可避免地涉及资源的竞争性分配。

在市场经济中，资源价格不仅是供需关系的直接体现，也是市场对资源稀缺性的一种信号。当某种资源能够满足消费者的需求，并因此对消费者产生效用时，这种资源的需求便会增加。若该资源供给充足且没有任何限制，即使它对消费者来说是必需的，但由于其不具备稀缺性，它的价格也将接近于零，或者说不存在市场价值，如空气。相反，当这种资源的供给量有限时，它便会成为稀缺资源，从而具有市场价值，再通过价格定价实现资源分配。

稀缺性理论进一步指出，若资源的市场价格未能正确反映其稀缺程度，就会导致市场混乱，进而造成资源配置的不合理。在这一点上，合理的价格信号对资源的有效配置至关重要。如果价格未能反映资源的真实稀缺性，需求将会过度膨胀，而供给方由于缺乏相应的价格激励，可能无法及时调整产出或扩大供应，最终导致供需矛盾加剧，形成恶性循环。例如，当自然资源价格过低时，可能会导致过度开发，进而导致资源过度消耗与生态退化，甚至危及生态系统的可持续性。

目前，全球自然资源的稀缺程度不断上升，很多重要资源的市场价格未能充分反映出其稀缺性。过低的价格不仅无法为资源的供给提供足够的激励，反而促使资源过度消费和浪费。消费者在资源价格较低时可能没有意识到资源的有限性，进而导致需求的膨胀。与此同时，供给方也可能由于缺乏足够的利润驱动而不会增加生产或开发新的资源，从而使得供需之间的矛盾越来越突出。资源过度开采、环境恶化以及生态危机的加剧，正是这一不合理价格机制带来的结果。

因此，稀缺性理论强调，资源的价格应当合理反映其稀缺性和市场需求，从而有效发挥资源配置的作用。这一理论在解释商品经济条件下自然资源价格形成的过程中，揭示了市场机制对于资源配置的关键作用，即市场价格不仅承担着资源分配的职能，更为供需双方提供关于资源稀缺程度的关键信号。这一信号能够引导经济主体的决策行为——促使需求方消费趋于理性与节约，并激励供应方寻求更高效的利用方式或替代方案。通过这种反映资源稀缺程度的价格信号，可以有效规范资源市场秩序，推动资源的合理开发和利用。正因如此，合理的价格机制才能确保资源的优化配置，避免浪费与不合理使用，进而推动资源的可持续利用，最终实现环境的可持续发展和经济的长期健康稳定。

2.2.2 边际效用价值论为自然资产转化成自然资本提供基础理论

边际效用价值论起源于19世纪70年代，由英国经济学家W.S. Jevons（杰文斯）、Carl Menger（门格尔）以及Léon Walras（瓦尔拉斯）等相继提出，并逐步发展成为经济学中最重要的价值理论之一。边际效用价值论的核心观点认为，商品的价值源于其能够满足人类欲望和需求的效用，而这种效用的大小又是基于商品的稀缺性和边际效用递减规律。

边际效用价值论不认为商品的价值单纯由生产商品所需的社会必要劳动时间来决定，而是更加注重消费者的需求和商品稀缺性的关系。在边际效用价值论中，商品的价值是由其能满足消费者需求的效用来决定的，尤其是对于消费者来说，商品的使用价值越高，其边际效用越大，商品的价值也随之提高。边际效用价值论的提出深刻改变了人们对商品价值的理解，它从消费者需求和效用的角度出发，认为价值的形成是一个主观过程，并且与劳动过程无关。当一个商品的边际效用逐渐递减时，即使这个商品生产所需的劳动时间并未减少，其市场价格也可能发生变化。这种理论为市场中的价格波动提供了解释，并强调了供需关系对商品价值的决定性作用。其理论体系不仅推动了经济学中价值理论的发展，也为后来的市场理论和价格理论提供了重要基础。

当我们将边际效用价值论与自然资源的价值结合起来讨论时，可以看到一个新的视角。早期社会由于生产力水平低，人类对自然资源的需求量相对较小，生态资源供给充足，且自然界中的大多数资源未经过人类的深度开发。因此，这些资源在早期社会中并没有表现出明显的稀缺性特征，且许多自然资源几乎是“零成本”获得的。在这种情况下，自然资源的价值往往被低估，或者说，自然资源本身并不被视作具备经济价值的商品。

然而，随着社会的发展和人口的增加，人类对自然资源需求的压力逐渐加大，资源开始显现出稀缺性。在这种情境下，自然资源的供给与需求之间的矛盾逐渐显现，人类开始感受到资源的有限性，因此必须对资源进行更加科学和合理的利用。根据边际效用价值论，当自然资源稀缺时，其边际效用逐渐上升，商品的价值也随之增加。以水、空气、森林等资源为例，随着其使用频率的增加和供应量的减少，资源的价值便逐渐体现出来。此外，边际效用价值论强调了一个重要的观点：价值并不是静态的，而是随着需求、供给和稀缺性而变化。对于自然资源而言，其价值不仅取决于自然界的存量，还取决于人类的需求和对这些资源的依赖程度。当自然资源遭遇过度开采、环境恶化等问题时，资源的稀缺性会更加凸显，其市场价值和保护价值也将大幅增加。因此，自然资源的价值不仅表现在其直接的使用效用上，还表现在其稀缺性和不可替代性上，这使得自然资源成为一种具有战略意义的自然资产。

总体来说，边际效用价值论为我们重新审视自然资源的价值提供了一个新的理论框架。传统的劳动价值论虽然在早期社会和生产活动中发挥了重要作用，但在面对自然资源稀缺和环境问题时，其局限性逐渐显现。边际效用价值论强调效用和稀缺性对价值形成的决定性作用，尤其对于自然资源而言，稀缺性和需求的变化对其价值影响巨大。随着自然资源逐渐演化为生态资产，保护资源的价值和意义变得愈加重要。

2.2.3 可持续发展理论不断丰富自然资本价值的内涵

可持续发展理论扩展了自然资本的价值认知，通过将生态系统服务评估、自然资本存量维系与代际公平伦理纳入价值框架，将其构建为一个超越直接经济产出的复合价值体系，支撑人类长远发展。可持续发展理论强调“既满足当代人的需求，又不对后代人满足其自身需求的能力构成危害”的发展方式，涉及人类需求和环境限度两大关键概念，涉及经济、环境与社会三个方面的指标。可持续发展理论不仅承认自然资源的经济价值，还认可其在生命支持系统中的不可替代的存在价值。因此，资源的生产和服务应计入成本，并逐步修正和完善国民经济核算体系，推动国内生产总值绿色化（王金南等，2018）。

可持续发展理论通过逐步丰富自然资本的内涵，不仅从资源的数量和使用角度来衡量其价值，更强调生态系统的功能、跨代公平的理念和自然资本的长期维护与增值。合理衡量自然资源的价值，使外部性成本得到补偿，以维护生态平衡和代际公平，外部成本的内部化是可持续发展对资源使用的重要要求。引入可持续发展理论后，资源的基础价格可依据投入的劳动价值来确定。此外，由于外部性存在，需要将环境成本纳入私人生产决策，实现外部成本的内部化；强调代际公平，要求弥补当前不合理资源利用行为对未来效益造成的损失。因此，从可持续发展的角度看，自然资本的价值不仅是资源本身的市场价值，更包括其所提供的生态服务、环境成本的内化，以及代际公平原则下的长期可持续性（弥补未来效益损失的使用者成本）。

2.3 自然资本价值实现引发的理论变革

自然资本的引入极大地拓展了生态学和经济学的理论边界，推动了生态学和传统经济学理论的发展，不仅改变了我们对生态系统服务、经济增长、财富创造的理解，也为政策制定者提供了新的思路。

2.3.1 拓宽生态学理论的研究范畴

早期生态学以自然生态系统为核心，聚焦能量流动、营养结构、种群动态等。此类理论虽揭示了自然系统内在规律，但隐含着“人与自然分离”的预设。

20 世纪中后期，随着人类活动对地球影响越发显著，生态学家意识到，自然是由多种生态系统组成的复合体，自然不再是独立于人类的存在，人是自然的一部分。因此，生态学单纯研究自然是不够的，一定要与人结合起来，研究人与自然、人与环境的关系（方精云，2021）。生态学研究范式从“自然本体论”转向“人地关系论”，生态学理论通过融入人类维度，逐步构建起多层次分析框架。生态学将自然系统功能与人类福祉直接关联，明确人类是生态服务的受益者与干扰者，强调人类社会系统与生态系统的双向反馈机制，催生了生态系统服务理论。生态价值的内涵在广度和深度上也随之发生了变化，强调生态系统不仅为人类服务，它们本身也有价值，生态系统提供的服务，如气候调节、水循环、空气净化等，实际上是维持地球生命系统和人类生活的基础。

人类活动的复杂性迫使生态学进一步突破学科边界，生态经济学于 20 世纪 80 年代创立，不断量化人类社会对自然资本的依赖与超载。人类社会对自然长期、高强度的开发改造导致自然资源的迅速消耗，生态系统服务的丧失更加明显，人们对生态系统生态学及自然资源的非市场价值认识日益提升。生态资源稀缺性显现，围绕人与自然之间的经济活动，自然资本、生态产品的概念被提出，并认为从自然中获得的服务将会变得越来越有价值。这些概念将抽象的生态服务具象化，使得对生态系统的价值研究有了明确的研究对象。从认可生态系统的价值且将其认定为对人类的无偿服务转变为可市场化、可交易、可以成为新型产业的产品，意味着对生态系统价值的保护进入全新的阶段。

随着生态学理论研究范畴的拓展，在过去几十年，关于生态文明的理论研究开始兴起，生态文明被视为一套实现人与自然和谐的道德和伦理行为规范，其基本原则是尊重自然和社会正义。“绿水青山就是金山银山”理念反映了现代社会对生态文明的深刻认识，其根本目的不是尽量多地去开发自然资源的经济价值，而是要维护生态系统的稳定和认可、保护其价值（刘耕源等，2024）。环境质量和生态系统在传统自然观中不具有生产性功能，是无法纳入生产力要素的。生态文明建设时期，绿水青山等生态资源转化的生态资本中包含的纯粹的自然资源可以作为生产力要素，发挥生产性功能，为社会提供生态产品。

2.3.2 引发经济学理论的生态变革

要解决资源配置不当导致的生态环境外部性问题，需要对自然资本引发的经济学理论范式变革进行更深入的探讨。自然资本的提出引发了资本结构的深层变革，为生态经济学理论明确了核心范畴和基本原理，奠定了生态经济学的理论基础。在经济增长的价值体系、研究范式、发展目标、发展模式四个方面反映着传统经济理论向生态经济理论的变革。

（1）价值体系的变革

经济学的价值理论随着人类经济发展方式的转变而逐渐演化，价值形态不断发生变化。自然资本引发自然资源价值从单一价值体系（通过供需关系和市场交易价格来衡量资源的经济价值）到多元价值体系（货币价值、使用价值、文化价值等多维度的综合考量）的变革。

在农业经济及工业经济阶段，其核心价值体系均展现出单一性的特征。农业经济深深植根于原始的自然资源之上，这些资源部分可转化为交换媒介，从而构建了以实物形态为主导的价值体系。进入工业经济时代，经济发展转而依赖不可再生的自然资源，这些资源催生的人造资本因其可分割与排他性特性，得以全面融入市场定价机制，进而形成了以货币为核心的价值衡量体系。

随着能源危机的加剧与自然资本理念的兴起，人类社会正迈向生态经济的新纪元。生态经济是建立在自然界的生物和环境相互依存的基础上，主要依靠太阳能、森林这类可循环再生的资源。因为资源种类丰富又能互相配合使用，所以创造价值的方式也变得更加多样化。这一体系不仅涵盖了可转化为货币形式的价值，如碳排放交易制度通过市场机制为碳排放量定价，展现了货币化价值的新形态，还包括了无法直接货币化或交换的使用价值；此外，还融合了作为自然不可分割部分的文化价值。生态经济追求的是一种综合最优价值，这种价值是在可货币化价值、使用价值及文化价值等多元要素达到均衡状态下的体现。自然资本概念的提出，标志着生态系统正式成为经济学研究的对象，这一转变削弱了传统单一价值体系在解释复杂生态系统方面的有效性。因此，打破工业经济时代只看 GDP 增长的单一价值评价体系，考虑生态、健康等综合效益，正是推动传统经济学向绿色经济学转变的重要原因，预示着经济学领域一场深刻的变革正在酝酿之中。

（2）研究范式的变革

自然资本引发经济学研究范式从单一范式（以市场机制和物质财富增长为核心的经济学模式）到系统范式（经济活动应当被视为更广泛生态系统的一部分，强调生态、社会和经济之间的相互联系与互动）的变革，推动经济学从单一追求财富增长的目标转向更加综合和可持续的发展路径。

在传统经济学的理论框架中，理性经济人假设、帕累托最优分配原则及一系列经济增长学说，其核心聚焦于经济系统的内在运作机制。然而，在这一过程中，自然生态系统作为经济系统生存与繁荣的基石，往往被边缘化或忽视，导致经济发展与生态环境之间的微妙平衡被不同程度地忽视。因此，局限于纯经济领域的探索，总是简单地把发展等同于 GDP 增长，忽略了对环境影响这些重要因素。

随着自然资本概念的提出，经济学界逐渐将系统科学整体研究的思维方法导入经济学的研究中。自然生态系统不再被视为可轻易舍弃的常量，而是被重新置于核心地位，与经济系统并列为相互依存、相互影响的两大系统。经济系统被视为生态系统内的一个关键子系统，其可持续发展高度依赖于生态系统的整体健康。经济活动的无度扩张，将不可避免地消耗大量自然资本，进而对生态系统造成不可逆的损害，最终反噬经济系统的长远发展。在此背景下，系统科学的整体性思维方式逐渐融入经济学研究，引领着经济学界从工业经济时代的局部与短期最优追求中解脱出来，转向一种更加全面、长远的系统视角。这一转变不仅拓宽了经济学的研究边界，使其不再局限于单一的经济领域，还将生态系统、社会环境等多维度因素纳入考量，实现了从单一范式向系统范式的深刻跨越。这一过程正是传统经济学向生态经济学转型的重要驱动力，为构建更加和谐、可持续的经济发展模式提供了理论支撑。

（3）发展目标的转变

经济学传统上强调的是增长和利润，而生态经济学则将生态环境的价值纳入考虑，促使我们认识到自然资源、生态系统服务以及环境质量对经济繁荣的基础性作用。因此，自然资本的引入推动了经济发展从单纯追求经济增长的模式到追求经济增长与生态保护的双赢局面，这一变革不仅是对传统经济模式的修正，也是对未来可持续发展的积极探索。

传统经济学的假设框架、逻辑出发点及研究方法，共同导向了一个单一且片面的发展目标：不遗余力地追求经济增长与纯粹的经济效益。这一体系建立在经济人假设之上，预设人类的终极追求在于无限的物质满足，因此经济活动的核心便是最大化经济效益以满足这一需求。在历史的长河中，人类社会从原始走向文明，传统经济学在萌芽期受限于人类认知的局限与生存需求的迫切，错误地将经济的无限扩张视为保障人类永续发展的唯一途径。然而，环境的急剧恶化如同一记警钟，唤醒了人类对自然力量的重新认识。人们开始意识到，自然环境同样是决定人类生存质量的关键因素。

随着自然资本概念的兴起，经济学界逐渐转变观念，提倡将自然资本纳入保护与投资范畴，强调在推动经济增长的同时，必须兼顾生态环境的修复与提升，乃至创造出更加优越的生态环境，以回应人类日益复杂多元的生存和发展需求。这一转变标志着经济发展目标的深刻变革，从单一的经济效益追求转向经济效益与生态效益并重的双赢目标。经济学家开始探索如何在保障经济繁荣的同时，维护生态系统的健康与稳定，确保人类社会与自然环境的和谐共生。

（4）发展模式的转变

自然资本的不可替代性和全球生态危机的紧迫性，促使弱可持续发展向强可持续发展模式转变，认为自然资本具有不可替代性，并非通过技术进步和资本积累进行有效替代，任何对自然资源的过度依赖和开发都将限制未来的发展。

传统经济学根植于“资源稀缺性”的核心理念，致力于优化经济资源的分配效率。然而，其所界定的“资源稀缺”实为一种特定范畴，主要聚焦于人造资本的稀缺性，并预设资源稀缺皆可通过技术进步或替代资源得以缓解。但现实情况复杂得多，尤其是自然界中的资源，如不可再生资源，其替代方案几乎不存在；即便是可再生资源，若开采速度超过其自然恢复能力，也将转变为不可再生资源，同样面临无法替代的困境。

自然资本的引入，不仅重新定义了传统经济学的限制条件，还极大地拓宽了其研究视野，成为生态经济学区别于传统理论的核心标志。生态经济学将自然环境视为一种宝贵的资本形态，强调其有限性、稀缺性及不可替代性，将自然资本置于与经济增长密切相关的内生变量地位，旨在调和人类需求的无限扩张与自然资源有限供给之间的根本矛盾。

在弱可持续发展范式下，自然资本是可持续发展的核心要素，但物质资本或人造资本可以在一定程度上弥补自然资本的损失，甚至在某些情况下能够完全替代自然资源的功能（Chen et al.，2016）。这一理论的基本假设是，经济增长不必受到自然资源的制约，若人类能够通过科技进步或技术创新的方式不断创造替代品，或利用物质资本进行资源替代，那么自然资源的减少不会对经济增长产生严重威胁。换言之，弱可持续理论认为，只要人类社会能够通过技术进步、资本积累或结构性调整等方式应对自然资本的减少，那么经济增长与环境保护之间并没有本质上的冲突。该理论通常将自然资源看作可以与人类其他资本（如技术、金融、物质资产等）交换或进行替代的物品，从而形成可持续发展的条件。

强可持续发展范式认为尽管人类社会可以通过人造资本（如科技、金融、基础设施等）来推动经济发展，但自然资本（如水、空气、土地、生态系统等）

具有有限性和独特性，是其他资本形式无法完全替代的（王寅通，2006）。强可持续理论强调，生态系统和自然资源的健康状态对社会和经济的发展至关重要，而它们的稀缺性或退化将成为制约未来发展的关键因素。根据这一理论，自然资本不仅为人类提供基本的生产条件（如水、空气、资源等），还承担着不可或缺的生态系统服务（如气候调节、生物多样性维持、土壤保护等）功能。因此，任何对自然资本的过度消耗或破坏，都会对经济社会的长远发展产生深远的负面影响。

强可持续发展范式不仅要求我们重新审视自然资源的价值和功能，还要求我们在经济发展过程中，重视生态环境保护和资源合理利用。在这一过程中，保护自然资本、实现生态平衡已经成为推动社会可持续发展的根本路径。

2.4 自然资本价值实现的运作机制

自然资源和生态系统服务有价，绿水青山就是金山银山。随着自然资本稀缺性日益凸显，人类从自然资本中获得的服务将会变得越来越有价值（张文明等，2019）。一方面，自然资本是创造人造资本和人力资本的基础，这些资本的优化组合成为保障社会经济稳步发展的前提；另一方面，自然资源资本化可以充分发挥市场机制的作用，保护和合理利用自然资源，实现自然资本保值增值，让“绿水青山”变成“金山银山”。因此，对自然资源进行确权、评估，对自然资源价值进行核算、定价和再投资是自然资本价值实现的重要步骤和过程，也是有效实践“绿水青山就是金山银山”理念、推动生态文明发展的关键。

2.4.1 自然资本价值实现的理论机理

自然资本价值实现是建立在对自然资源价值和产权属性明确认知的基础上

的，对自然资源价值的认识、开发、利用、投资、运营等保值增值过程，涉及资源形式的转变、价值状态的认知和转换、属性状态的变化等。从过程来看，自然资本价值实现可概括为“自然资源资产化（评估与核算）—自然资产资本化（货币化核算与定价）—自然资本可交易化（市场化）”三阶段递进路径。自然资源在不同阶段具有差异性的价值形态表现，经历从存在价值到使用价值，并最终通过市场化交易实现增值的演变过程，形成资源—资产—资本—资金的全链式价值闭环，解决不同空间尺度自然资本“难度量、难抵押、难交易、难变现”的问题，最终促进社会经济和生态可持续发展（图 2.1）。

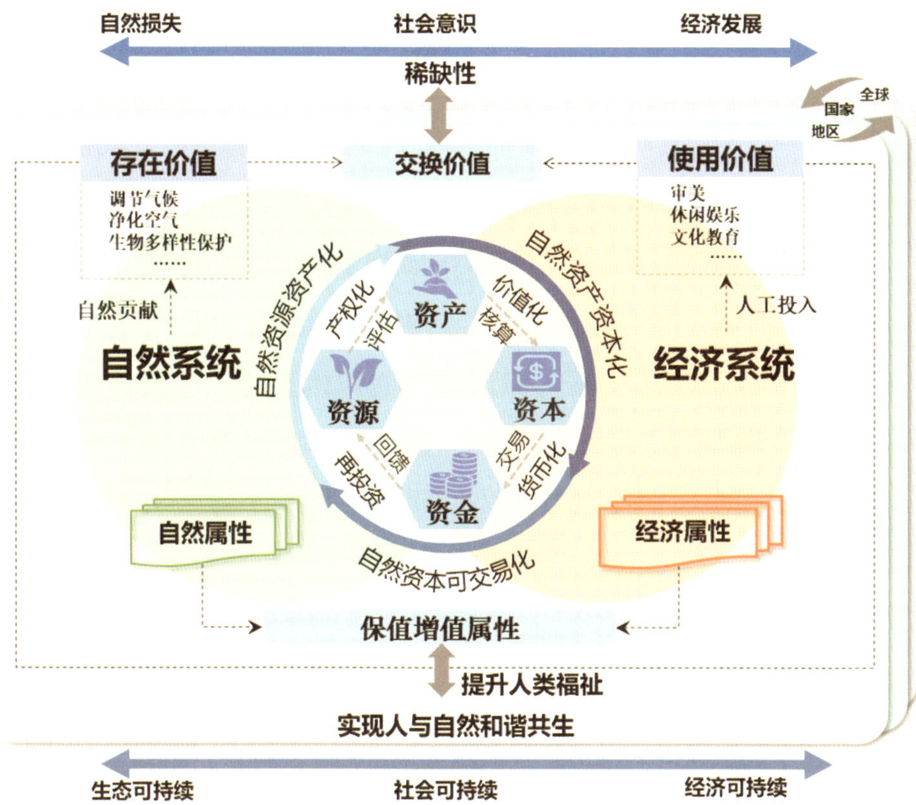

图 2.1　自然资本价值实现的内在机理

自然资本价值实现以明晰产权为基础，以价值量评估核算为支撑，具有时空动态特性以及体现价值变化的内在逻辑。其目标是通过市场化手段和金融创新工具，将自然资源的外部性价值内部化至经济运行体系，使其成为经济决策中的重要因素，进而转化为自然资本，实现自然资源保值增值，促进自然资源的可持续利用和管理。

（1）时空动态特征

自然资本具有空间属性，在全球、国家、区域三大空间视域下，表现出不同的经济特质与价值特征。在全球范围内，一方面，由于自然资本具有非竞争性和非排他性的公共物品属性，全球尺度的价值实现需要依赖国际协同，如《巴黎协定》构建的 NDC 机制本质是一种基于主权让渡的集体行动框架，通过缔约方的减排承诺形成全球气候变化缓解服务的联合供给体系，其价值通过避免气候灾难的折现收益体现。另一方面，由于跨国界生态环境外部性，如跨境空气污染、公海过度捕捞等，需要通过产权界定与交易实现价值。在国家层面，国家对自然资源开发权重新分配或以强制力构建制度杠杆，使自然资本价值通过关联区域资源使用权的溢价实现。例如，俄罗斯北极油气田开发的生态补偿机制将环境损耗纳入国家特许经营费用，形成“资源租”到“生态租”的转化路径；哥伦比亚发行主权生态债券，将亚马孙雨林保护与国债信用评级捆绑；中国“山水林田湖草沙”系统治理项目，通过空间重构优化自然资本供给结构，提升经济韧性。在区域层面，自然资源的地理锁定性（如特定区域的景观独特性、特定流域的水域专属性）能形成空间垄断租金，更能促进特定区域自然资本价值增值，推动人与自然和谐共生、共同富裕双重目标的协同实现。例如，德国黑森林地区的“木材—能源—旅游”循环网络打通生态产品增值路径，即林场供给木材加工的剩余物成为生物质电厂的燃料，电力供应当地民宿以支持零碳运营，由此产生的生态标签溢价反哺森林抚育基金；中国安吉竹林碳汇项目通过 GIS 技术划定最优固碳区域，利用空间异质性设计差异化补偿标准，实行“自然资源—地块特性—市场定价”的精准映射。

（2）价值转化

自然资源的价值形态不断发生改变，由最初的自然资源自身存在的价值转化为自然资产的使用价值，再随着对自然资产进行投资运营，转化为各种生产要素价值，最后通过交易市场对自然资源提供的生产产品和生态系统服务价值进行交换，实现价值增值。其中，自然资源的存在价值是一种“自然力”的价值形态，反映的是自然资源价值中“物”的原始属性。使用价值是将人类劳动附加于资源，使资源发生形态改变的那部分价值。生产要素价值意味着具备明晰产权的自然资源完成资产化后，逐渐被创造性地赋予生产性功能，以自然资产及其产权进入交换市场，体现资本增值属性。自然资本交换价值是自然资源的生产价值通过自然资本的具体运营过程转化到产品或服务中，并在市场上交易而形成的价值。这 4 类价值构成自然资源资本化价值闭环，反映“自然属性—人工改造—资本增值—市场实现”的链式转化路径。

2.4.2 自然资本价值实现的关键环节

自然资本价值实现是将自然资源和生态系统服务转化为可量化经济价值的过程，其关键环节形成递进式价值转化链。其中，自然资源资产化是确权基础，自然资产资本化是价值激活，自然资本可交易化是关键跃进，纳入经济系统是终极目标。这些关键环节构成从“绿水青山”到“金山银山”的系统性转化框架（图 2.2）。

（1）自然资源资产化

自然资源和自然资产之间兼具联系与差异，并非所有自然资源都可以转换为资产，只有满足有用性、稀缺性、产权明确这三个特性，自然资源才能转换为资产。因此，自然资源资产化是将自然存在的生态资源识别、量化，并确认其产权的过程，其本质是产权的资本化。通过科学的方法评估和核算自然资源的价值，将其转化为自然资产，即具有明确产权的资源实体。该步

图 2.2　自然资本价值实现的关键环节

骤通常涉及自然资源的清查、确权和登记。自然资源转化为自然资产，最大的特征在于自然资源稀缺性使自然资源权益所有者进一步明晰。在初始状态下，自然资源属于共有资源，随着生产生活环境的变化，国家代表公权力对共有资源进行权力界定。当产权明晰的自然资源能够给投资者带来收益时，投资者能够对自然资源享有法律规定的权利，自然资源成为自然资产。因此，自然资产具有潜在市场价值或交换价值等资产的一般属性，是其所有者财富或财产的构成部分。

自然资源资产化意味着通过产权制度将自然要素转化为可计量的资产形态，按照市场规律进行投入—产出管理，并建立以产权约束为基础的管理体制，实现从实物形态的资源管理到价值形态的资产管理的转化。

（2）自然资产资本化

自然资产资本化是指依托金融工具将静态自然资产转化为可以进行经济交易和金融运作的资本形式，在自然资产的基础上更加强调增值性。体现生产要素价值以及在未来的增值空间。该环节中自然资产的产权可以被分割、转让、抵押或用于融资。

自然资产资本化后形成的是有一定产权归属并能够实现价值增值的自然资源，其构成基础涵盖资源总量、环境质量与自净能力、生态服务功能及可持续开发潜力四大要素。作为具有资本本质的新型生产要素，自然资本通过建立资产增值闭环展现其基本属性：自然资源经产权界定后形成自然资产，当其通过市场化配置进入经济体系，在此过程中，资本特有的逐利属性驱动自然资本渗透社会生产网络，与其他生产要素形成有机组合，经过产业链各个环节的逐步传递，最终在市场上形成可以明确标价的商品价值，既解决生态环境治理的经济激励问题，又构建起生态保护与经济效益的动态平衡机制。值得强调的是，自然资本的增值性呈现出双重维度：一方面源于生态系统的自我调节机制持续优化资源质量（如土壤肥力恢复、水体净化），另一方面通过技术创新与市场机制显化环境要素经济价值（例如碳汇交易、生态补偿）。这种系统性整合将生态服务功能嵌入生产函数，使生态修复、生物多样性等公共产品供给转化为可量化的经济要素，使环境质量改善、生物多样性保护等公共产品供给获得稳定的价值实现通道，从而为绿色经济转型提供可持续的市场化解决方案。

（3）自然资本可交易化

自然资本可交易化是自然资源完成资产化进程后跃升至资本运营阶段的具体表现。其本质是通过市场化机制将自然资源蕴含的生产价值显化为可交易的经济价值。以自然资本运营为媒介，激活自然要素价值，形成可计量的产品或服务，依托金融工具创新推动自然资本从生产要素向流动性资本的升级。交易化过程有助于将自然资本转化为经济活动中的实际资本，支持可持续发展项目。自然资本交易运营遵循保值和增值的双重原则。一方面，在自然资本各要素存量上不减少，流量上分配更良性、结构更合理，确保资本总体价值不降低——保值；另一方面，运用绿色金融创新等资本运营提升资本收益率——增值，激发市场主体主动参与生态治理。保值增值构成辩证统一体，保值为增值设定生态安全边界，增值则通过经济激励机制巩固保值成效。由此可见，自然资本价值实现的可交易化既是打通资源变资产的市场化路径，也是促进资源保值增值的最大化路径。在具体类别上，可分为直接转化路径和间接转化路径。直接转化路径是将自然资源的优势转化为生态产品并可直接交易获得价值；间接转化路径则需要经过自然资产优化配置、绿色产业组合、金融市场工具嫁接等方式实现自然资本的保值增值。依托直接或间接转化路径，最大化实现自然资本价值增值，诱使交易收益反哺生态环境保护与修复，与自然资源形成循环路径。

因此，自然资本价值实现是构建“数据捕捉—价值显化—市场交易—再生循环”的完整代谢链，将自然价值融入经济系统，实现自然系统嵌入人类经济社会系统的复杂适配过程。这一过程不仅依赖技术进步，如区块链、AI模型，更需要制度重构、金融创新和治理模式变革。未来的突破点在于依托自然资本建立自然系统和经济系统的动态均衡，通过双向反馈机制实现生态系统服务供给与经济需求增长的和谐共振状态。例如，通过精准监测森林固碳、水体净化等生态服务价值，再将其折算为标准化的“生态信用”，企业可通过自主选择购买信用对冲环境成本，如抵消污染、降低治污费用，或投资信用获取技术溢价，生态破坏者需要按市场倍数支付修复成本；这种反馈循环倒逼技术创新和产业升级，最终实现“自然资本增值—绿色技术降本—高附加值产业扩张”的螺旋式增长，使地区生产总值增速与自然资源储量从负相关扭转为协同上升，重塑经济增长的底层逻辑。

第 3 章

价值核算：让自然损失看得见

自然资本价值核算是推动“绿水青山”向“金山银山”转化的重要前提。当前，自然资本核算体系围绕存量和流量两个方面，从实物量与价值量两个视角进行评估，在核算指标、框架、方法上都取得了重要进展。核算结果不仅支撑了生态保护补偿和生态损害赔偿定价，还为自然资本进入市场交易体系提供了定价依据。然而，统一规范、时空可比的核算方法尚未形成，精细化、多源数据获取仍存在困难，自然资本价值精算、评价、管理应用、市场流通等仍面临诸多挑战。

3.1 自然资本核算的文献计量分析

为了考察自然资本核算（Nature Capital Asset，NCA）在理论和方法方面的最新研究进展，本书使用文献计量法，对已有研究主题进行全面分析。

3.1.1 数据来源与研究方法

鉴于 CiteSpace（可视化文献分析软件）对于处理具有多学科交叉特征的大基数文献具有独特优势，可以全面揭示重要研究主题、发展脉络、热点前沿及关键知识基础等，有助于研究人员理解研究模式并预测未来趋势（Bagdi et al.，2013），本书使用 CiteSpace 对领域内被引文献和关键词进行聚类分析，以识别全球 NCA 研究领域的理论基础和研究主题，再通过文献研究法对 NCA 前沿研究进行文献梳理和剖析。

以 Web of Science（WoS）核心数据库（SCI 和 SSCI）作为数据来源，以自然资本核算、环境核算等为关键词对文献进行高级检索，将文献类型和语言类型设定为“Article”和“English”，检索时段为 2002—2024 年（检索日期：2025 年 1 月 25 日）。通过对检索结果进行去重、整理、删除不相关条目，最终获得 930 篇相关文献。

3.1.2 自然资本核算研究现状

930 篇论文来自 268 种期刊，出版物的年均增长率达到了 11.08%，表明对 NCA 的兴趣与研究不断增加。早期年份的出版物数量极少，直至 2005 年每年不超过 10 篇，表明在此期间该领域尚处于发展初期，仅吸引了有限的学术关注。自 2006 年起，相关文献数量显著增加，当年的文章数量猛增至 43 篇，此后这一势头持续增强，表明人们对这一研究领域的兴趣日益浓厚，2022 年达到顶峰，为 108 篇。总体而言，数据显示该领域的学术研究呈显著上升趋势，2006—2024 年发表的研究成果占比高达 70.2%。这一趋势的产生与全球范围内自然资本核算体系的深化应用和战略地位提升密切相关。

就引用影响而言，数据统计显示，每条记录平均被引用 25.7 次，凸显了研究成果在学术界的影响力和相关性。数据集拥有大量的参考文献，总计 53 044 条，提供了全面的背景分析资料。从内容来看，这些文献包含丰富的关键词，其中“论文关键词”有 2 544 个，“作者关键词”有 4 093 个，表明所涵盖的主题具有多样性和多维度。作者群体广泛，共汇集 4 207 位研究者参与学术研究，呈现出多样化合作形态。在独立研究方面，164 位学者通过单独署名方式产出了 180 篇论文；团队合作则占据主导地位，平均每篇文献有 5.27 位合著者。值得注意的是，38.36% 的成果由跨国家 / 地区团队共同完成，跨国协同研究成为显著特征。

3.1.3 重要研究主题及演变规律

关键词是理解研究模式和方向的关键参数，有助于了解研究重点以及随时间推移的发展模式（Bagdi et al.，2013）。图 3.1 展示了一个可视化网络图，描绘了国际自然资本核算的重要研究主题及其发展脉络。颜色编码表明了关键词研究的时间线，而每个节点的大小则反映了每个关键词出现的频率。连接线则展示了这些术语之间的相互关系。

结果表明：全球基于 NCA 的研究较为注重 environmental accounting（环境统计）、ecosystem services（系统服务）、sustainability（可持续性）、management（管理）、natural capital（自然资本）、biodiversity（生物多样性）、framework（框架）、ecosystem valuation（生态系统价值）、performance（绩效）、conservation（保护）、green accounting（绿色核算）等。

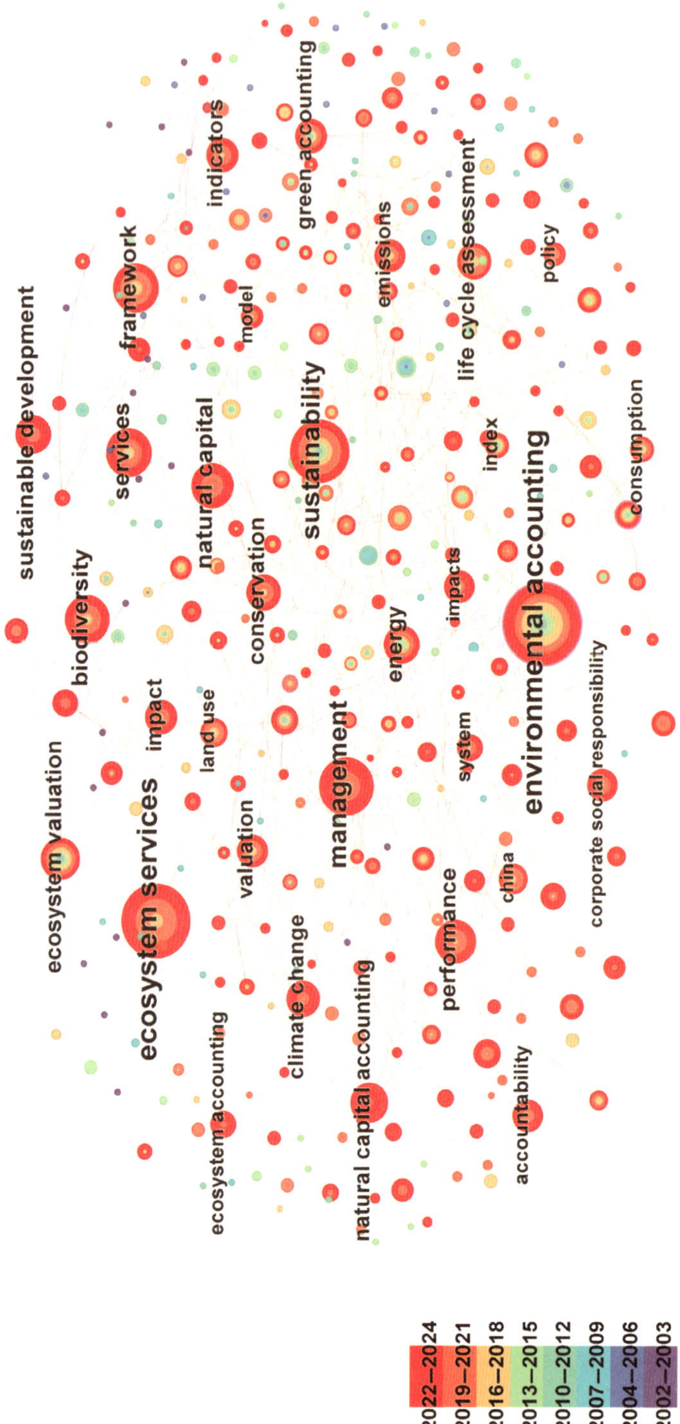

图 3.1 自然资本研究关键词共现图谱

关键词时区图谱侧重从时间维度上展示自然资本核算研究演进情况，从而较为清晰地展现关键词的更迭进程与研究热点的演进规律。图 3.2 表明自然资本核算研究的高频关键词出现较密集的时间段为 2002—2016 年。ecosystem services（生态系统服务）、evironmental accounting（环境核算）、ecosystem valuation（生态系统评估）等关键词在 2002 年首次出现，其后出现了 green accounting（绿色核算）、conservation（保护）、biodiversity（生物多样性）、ecological footprint（生态足迹）、performance（绩效）等关键词；2016 年之后出现的高频关键词有 social and environmental performance（社会和环境绩效）、system of environmental economic accounting（环境经济核算体系）、quality disclosure（质量披露）、circular economy （循环经济）等。图 3.2 还显示，全球 NCA 研究在 2002—2016 年进入快速上升期，在经历了较长时间的蓬勃发展后进入相对稳定发展阶段，目前全球 NCA 研究仍在不断深入，新的研究生长点不断涌现。

关键词还被归入了 11 个不同的聚类。其中，聚类 0、聚类 1、聚类 2、聚类 4、聚类 6、聚类 8 和聚类 9 包含了最相关的关键词。

聚类 0 包含与社会环境核算相关的术语，如“环境绩效”“环境披露”等，旨在重新审视与环境问题相关的社会责任，提出了自然资本核算在帮助减少不可持续性方面可能发挥的几种作用。这一系列关键词凸显了透明度、社会影响以及利益相关者的广泛参与在环境和社会治理实践中的关键重要性（Mallin et al.，2013）。

聚类 1 包含与资源价值核算相关的术语。如“可持续发展”“经济增长”“效率”等，强调在评估和管理自然资源时将生态和经济可持续性相结合的重要性，旨在从人力、自然和生产资本价值的角度全面评估可持续发展，但相关研究对于自然资本与可持续增长之间的关系也得出了相互矛盾的结论。例如，Krevel（2021）分析了 140 个国家的面板数据，认为自然资本和人力资本对可持续发展有负面影响，而生产资本则有正面影响。相反，

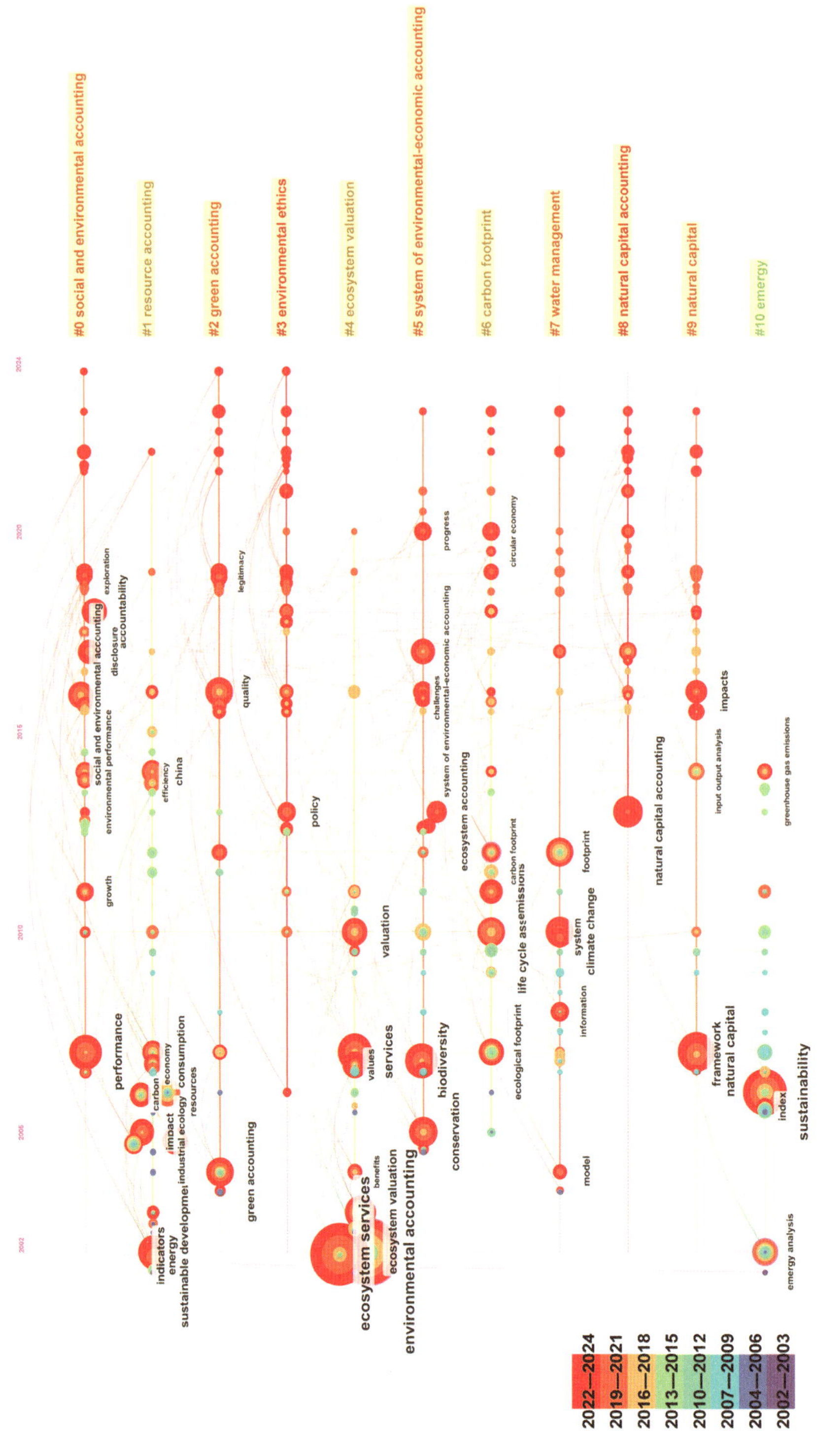

图 3.2 2002—2024 年自然资本核算研究关键词时区图谱

Wolde-Rufael 等（2023）认为，自然资本对低收入国家而言是一种福祉，并且否定了资源诅咒假说。此外，对丰富自然资源的滥用可能对资本积累产生不利影响。

聚类 2 包含与绿色核算相关的术语，如“绿色会计”“发展质量”“合理性”，突出了绿色核算在促进可持续发展方面的作用。部分学者针对土地利用结构变化对生态资产价值的影响进行了研究，并核算了生态资产的货币价值量。核算结果对于向管理者和决策者传达自然资源的价值以及协助制定绿色经济转型政策至关重要。

聚类 4 包含与生态系统相关的术语，如“生态系统服务”“生态评估”“环境核算”等，旨在通过量化自然资本的变化评估生态系统质量，以及衡量生态系统服务对人类福祉的影响。相关研究也指出，通过系统性环境核算能够促进自然环境整体质量改善。Buonocore 等（2020）提出，对自然资本和生态系统服务价值进行生物物理和经济评估对于实现自然保护目标以及确保海洋资源的可持续利用至关重要。张彩平等（2021）提出，生态环境代价的支付可以视为现存福利的亏损，将生态环境成本纳入价格考量，克服市场的外部性，才能符合现代人的生存理念和实现对公平的追求。

聚类 6 包含与碳相关的术语，如“碳足迹”“生命周期”“循环经济”等。这一组重点关注衡量碳相关活动的重要性，倡导鼓励高效资源利用和减少浪费的经济模式，以及评估工业或企业活动对环境的更广泛影响。

聚类 8 这一组重点关注自然资本核算。2012 年，联合国颁布了《环境经济核算体系（SEEA）中心框架》，是首个环境经济核算体系的国际统计标准，提供了一个统一的核算原则和方法体系，供各国建立相似结构的账户、生产可比性数据。在该框架的广泛影响下，针对自然资本核算的研究在 2015 年进入爆发式增长，不同于以往自然资本价值核算的内容隐藏于生态评估、环境核算、绿色核算、生态足迹等研究中，自然资本核算概念被独立提出，并不断发展。目前，自然资本核算已成为全球经济决策的主流工具，全球已有60余个国家加入自然资本核算的队伍中，积极推动可持续的绿色发展（孔令博等，2021）。Ruijs等（2018）通过对比分析私营部门和公共部门自然资本核算方法、项目、目的的区别，核算东非卢旺达、荷兰、印度尼西亚森林、伦敦区域等地的自然资本价值，肯定了企业在自然资本核算和可持续发展中的作用。

聚类9包含与自然资本相关的术语，如“核算框架”“投入产出”“环境影响”。2003年，联合国统计委员会修订颁布了《2003年国民核算手册：综合环境和经济核算》，在总结执行1993年版国民核算手册的实践经验基础上，给出了方法上的指导。之后，各国自然资源价值核算框架研究大量涌现。

3.1.4 未来研究趋势

随着新一轮科技革命加速演进，未来自然资本研究将以技术赋能的数智化、金融工具的市场化和披露机制的强制化为核心，破解生态价值“测量难—定价难—交易难”的瓶颈，推动自然资本从“外部性”转向“内生性”经济要素。例如，研究区块链技术推动可信数据治理与核算透明化的理论与路径构建：通过分布式账本、智能合约和去中心化特性，重塑自然资本核算的底层数据基础设施，解决传统自然资本核算中数据伪造或追溯困难的问题。聚焦如何通过金融工具实现生态价值的市场化流通，实现从核算到价值转化的创新，如通过生态系统的服务价值核算开发结构化金融产品；核算自然灾害对生态系统的影响，设计指数型保险产品等。研究全球监管企业环境信息披露框架与核算标准，考察将自然资本核算实践纳入企业社会责任战略的路径，探讨自然资本核算对企业的生态足迹的影响，评估自然资本核算是否能显著减少资源使用和环境退化。

3.2 全球主要自然资本核算方法

自然资本核算方法主要有综合模型法、价值当量法、能值分析法等（表 3.1）。

3.2.1 综合模型法

综合模型法基于系统理论和整合性环境评估理论，将自然资本视为一个与人类社会经济系统相互作用的复杂系统，发展更加综合的评估模型，如 InVEST7、CEVSA2、 ARIES 、MIMES 等模型。这些模型同时考虑自然资本资产的多重价值，并能够在评估过程中更好地处理不确定性和多样性。生态系统过程模型 CEVSA2（carbon exchange between vegetation，soil and atmosphere）是一个基于生理和生态过程的生物地球化学循环模型，用于模拟植物—土壤—大气系统能量交换和水—碳—氮耦合循环过程（Cao et al.，1998；Cui et al.，2014）。利用该模型可以模拟区域至全球尺度上生态系统过程对大气 CO_2 浓度变化、气候变化、氮沉降等的响应（Cao et al.，2001；Zhang et al.，2015）。牛忠恩等（2025）利用改进后的生态系统服务评估过程模型（CEVSA-ES）和“结构—功能—稳定性—胁迫”框架的生态系统质量评价体系，分析了 2003—2020 年中国陆地生态系统质量的时空格局及其驱动因素，结果显示，中国生态系统质量整体呈南高北低、东高西低的格局；2003—2020 年中国生态系统质量显著改善，生态系统质量指数年均增加 0.28%。邵辉等（2020）利用 CEVSA2 模型，估算了 1981—2010 年长江经济带水分利用效率（植物消耗单位水量所生产出的碳同化量，可以作为评价植物生长适宜度的综合生理生态指标），结果显示，水分利用效率总体呈减少趋势，其空间分布与降水量呈显著正相关关系，而与温度呈显著负相关关系。

3.2.2 价值当量法

价值当量法基于价值理论和福利经济学，通过改进和创新非市场价值评估方法进行核算，是在严格的经济条件下对生态系统服务总的支付意愿或对其损失的补偿（Costanza et al.，2017）。1997 年，Costanza 在《自然》（Nature）上首次提出生态系统服务价值的理论框架及估算方法，并着手对全球范围内的生态系统服务价值进行量化评估。谢高地等（2001）基于 Costanza 等的研究，改进了全球生态系统服务价值核算研究在中国的应用，结合 200 位生态学者的问卷调查，制定出中国陆地生态系统生态服务价值当量因子表，并基于该表，核算出中国青藏高原生态系统服务价值为 0.94 万亿元 /a。谢高地等（2015）又结合文献资料和系统服务价值对当量因子表进行修订和补充，核算出中国 2010 年生态系统服务价值为 38.1 万亿元。

3.2.3 能值分析法

能值分析法主要先核算生态系统服务能值，再将其转化为能值货币价值与经济价值进行比较，克服了现在很多方法无法充分考虑生态过程对人类进步和财富积累的贡献问题（刘耕源等，2024）。例如，Zhang 等（2015）、Campbell 和 Brown（2012）核算不同尺度、不同生态系统类型在调节气候、涵养水源、生物多样性等方面的价值，研究结果表明生态系统能值货币价值相较其市场价值更高。能值分析法也是货币话语下的一种折中算法。但是也存在能值分析方法是否违背了能量守恒定律的争论，以及对能值转换率计算科学性的质疑。能值分析法计算生态系统服务可追溯至 Odum 使用微型模型和能值分析法评估不同尺度的热带森林，并将经济学方法评估的热带雨林经济价值与能值分析法核算的热带雨林环境价值进行比较，得出平衡热带雨林经济价值和环境价值的最佳方案。

未来，利用大数据、遥感技术、人工智能等现代科技手段收集和分析数据，利用先进的分析工具能够带来评估方法的革新，提高自然资本评估的精度和效率。

表 3.1　典型自然资本核算方法比较

典型方法	主要内容	核算类型	优点	缺点	应用地区	代表学者
生态系统类型价值系数方法（Landcover coefficient method）	基于生物物理过程及全球参数粗算了全球生态系统服务的功能量，并用工程替代价值方法核算出价值量，进而利用生态系统空间分布数据求取各生态系统类型上的单位面积价值量	流量	计算数据需求少，仅需知道各类生态系统的面积	生态系统的质量未被考虑，且同类、同质且面积相同的自然资源在不同地理气候区的生态系统服务功能量和价值量的显著差异很难在该方法中得以体现，导致计算结果精度不高	全球	Costanza R.; 谢高地
本地化参数的生态系统服务生物物理过程方法（Bio-physical modeling method）	以本地化数据和参数为依托，利用各类生物物理模型对每个研究区开展针对性的生态系统服务功能量评估，并在功能量评估的基础上利用本地替代工程成本进行货币价值评估。基于该方法开发的评估模型包括InVEST、IUEMS	流量	评估分析的准确度较高，能够反映本地生态环境特征，有利于生态管理和改进生态系统服务能力	对数据需求较高，无地理信息数据处理基础和非生态环境相关领域的人员较难操作	美国、中国	Daily G. C.; 欧阳志云

续表

典型方法	主要内容	核算类型	优点	缺点	应用地区	代表学者
能值分析方法	以 Odum 的能值理论为基础，认为从生物圈能量运动角度出发，所有物质和生产过程都能够通过太阳能能值转换率以太阳能当量（太阳能能值焦耳）表征。在获取生态系统服务功能量的基础上，通过能值方法将不同的生态系统服务功能量进行了单位统一，使其能够综合评价并进一步根据各国能值—货币换算表将能值转化为人民币	流量	脱离人类经济活动对生态产品进行价值核算，减少人类经济行为（如定价）对生态产品价值的影响	能值转换率参数使用尺度大，不能满足本地化精确计算的需要；使用各国的能值—货币转换率进行货币价值核算，该转换率的普适性和更新频率不够，无法满足管理的需要；以太阳能能值多生态产品间的单位统一，并不符合一般意义上的货币价值的内涵	中国	刘耕源
	在能值当量的基础上以生态系统的调节服务价值为核算对象，选择太阳能值作为核算量纲，将“生态元”作为核算基本单位，核算未受人类影响的初始状态下生态服务	流量	利用已有生态环境监测系统，自动获取数据，动态更新“生态元”核算结果，	“生态元”虽然替代“传统货币”实现了多生态产品间的单位统一，但其不符合一般意义上的“价值”内涵，需要使用者有较	中国	刘世锦

续表

典型方法	主要内容	核算类型	优点	缺点	应用地区	代表学者
能值分析方法	资本价值对应的“生态元”，用于表征生态系统服务的货币价值。将“生态元”作为生态世界的货币单位衡量一定量的太阳能能值所对应的生态资本调节服务价值给人类带来的效用，并规定 1 生态元 $=10^{10}$ 太阳能焦耳	流量	并通过软件系统以可视化方式加以呈现，在生态文明建设和绿色发展中具有广泛实用价值与日益增多的应用场景	大的观念转变	中国	刘耕源
揭示偏好法	能够通过考察人们与市场相关的行为，特别是在与环境联系紧密的市场中所支付的价格或他们获得的利益，间接推断出人们对环境的偏好，以此来估算环境质量变化的经济价值。在与生态系统服务相关的现存市场中观察个体选择，主要包括旅行成本法和享乐定价法	流量	提供了一个相对客观的方式来评估人们对环境的偏好	依赖市场行为来推断个人偏好，可能无法完全反映个人的真实偏好，只能获得总体经济价值的部分价值；对于数据收集和分析的要求较高，可能存在一定的实施难度	全球	Pascual U.

续表

典型方法	主要内容	核算类型	优点	缺点	应用地区	代表学者
陈述偏好法	在虚拟市场情境下通过问卷询问个体对某环境物品改变的支付意愿（Willingness to Pay，WTP）或者受偿意愿（Willingness to Accept，WTA），主要包括条件价值法（提供被评估物品的一种属性变化）和选择实验法（提供被评估物品的几种可选择的属性变化）	流量	能够引出包括非使用价值在内的全部价值	被调查者偏好还未形成，嵌入偏差的存在，信息缺乏或时间太短导致被调查者不能做出如此复杂的选择，生态系统内在价值的多元性，不同价值的不可比性，难以解释社会公平，对于下一代的忽视等	全球	Bateman I.; Hanley N.; Lienhoop N.
协商货币评估法（DMV）	将协商方法与陈述偏好法相结合评估生态系统服务价值，主要包括将市场摊位法、公民陪审团、小组访谈等多种形式协商加入生态系统服务价值货币评估中	流量	能够帮助被调查者形成偏好，并考虑了社会公平和价值多元等因素，开创了一个较新的货币价值表达和阐释方式	需要较大样本量；还没有形成得到广泛认可的DMV引出货币价值的理论基础；要避免“假理性偏好”与不合理决策的形成	全球	Brown T.C.; Spash C. L.; Macmillan D. C.

3.3 自然资本核算的挑战

全球自然资本在核算指标、框架、方法和应用实践上都取得了突破性进展，但在核算标准、定价方法和核算数据支撑上仍面临诸多挑战。

3.3.1 统一的自然资本核算边界的挑战

自然资本的价值核算体系构建面临着跨学科整合与多维框架调和的深层次矛盾。自然资本的界定涉及生态学、经济学、法学等多个学科领域，其概念界定天然具有学科视角的冲突性。生态学主要关注自然资本的生态功能与系统动态，经济学则侧重其在经济活动中的价值体现和资源配置，而法学则涉及如何通过法律制度保障自然资本的可持续利用，这种认知范式差异导致核算系统的初始边界难以形成学科共识。自然资本核算边界也涉及地理范围、时间动态、覆盖资源类型等多个维度。例如，核算的地理范围可以是全球、国家或区域等不同尺度，时间动态可能会影响资源的存量和质量评估，覆盖资源类型则可能包括有形的自然资源（如矿产、森林）和无形的生态服务（如碳吸收、水循环等），导致自然资本价值核算从范围、方法到结果都存在较大差异，这种不确定性增加了评估和决策的应用难度。

3.3.2 建立统一的技术方法与标准化的核算体系的挑战

由于自然资本类型众多，甚至同一类别自然资本的核算技术方法也存在诸多争议，加之所核算的货币价值也存在巨大的空间差异，目前尚无公认的、统一的技术方法体系。不同定价方法的选择和不同生态产品的选择也影响自然资本核算结果的及时性、准确性和可比性。例如，生态系统服务的非市场定价路径尚未突破方法论困境：文化服务评估中，基于假设情景的问卷调查易导致数据可信度不足；对于调节服务（如气候调节、水源涵养）采用的当量法，其关键参数更新滞后于现实变化。这使得核算结果既难以客观衡量区域差异性，也难以对接动态化政策需求。因此，建立包含核算对象与边界设定、主要指标体系确定、方法与参数选取以及生态系统服务的非市场定价方式的统一标准面临巨大挑战。如何建立统一且科学的自然资本核算体系，以及如何应对其带来的决策复杂性，仍然是当前学术界和政策制定者面临的重要挑战。

3.3.3 规范化、权威化的数据收集和发布平台建设的挑战

自然资本核算评估需要资源、环境、生态等大量数据作为支撑，需要建立系统的自然资本基础信息收集规范，在时间和空间上满足自然资本核算对数据内容、精度和广度的要求。但是，目前普遍缺乏一个统一的、具有权威性的数据公布和存储平台，可公开查询和使用的数据也十分有限。数据的缺失会导致价值核算在更精细尺度上存在较大的不准确性。例如，中国自然资本核算也面临基础数据体系建设的关键瓶颈：生态因子与社会经济因子数据在采集方法、耦合机制和应用层级上普遍存在标准化程度不足的问题，具体表现为生态资源本底清查尚未实现全域数字化覆盖，水土保持量、固碳速率等生态服务评估参数存在监测点位较少与历史序列断层现象，资源环境数据库因部门分割管理形成“数据孤岛”，直接导致自然资本评估的基准参数可信度弱化。更为突出的是，生物多样性关键区分布、生态产品空间流转路径等关键数据仍依赖碎片化抽样调查，难以支撑全链条动态核算模型的构建；而环境要素计量数据的开放共享机制缺失与商业主体信息披露义务的法规空白，进一步降低了数据的可追溯性及横向可比性。这种系统性数据缺陷不仅使自然资本核算面临困境，更导致碳汇交易、生态补偿等政策工具的度量基准长期缺乏

权威统一的实证支撑，最终使得核算结果在跨区域比较与政策应用层面陷入“数据鸿沟”。

3.3.4 有效指导管理实践和市场交易的货币化度量方法的挑战

自然资本价值核算体系的科学性与实践性受制于方法选择与边界界定：当核算框架中方法学标准、指标权重及覆盖维度存在区域差异时，其量化结果因方法体系的分歧呈现显著的区域不可比性，直接影响跨区域生态补偿与协同治理的基准设定。尤为关键的是，在推进自然资本货币价值度量过程中，传统市场价格机制面临双重失效：其一，自然资本固有的公共品属性——生态系统提供的固碳释氧、水土保持等服务兼具非排他性与非交易性特征，导致其无法通过市场竞价形成有效的价值传递机制；其二，以替代成本法为核心的估值体系，该方法通过模拟人工工程成本核算生态流量价值，虽在揭示公共属性层面具有政策参考价值，却因虚拟定价逻辑与真实市场供需脱钩，割裂了真实市场中的供需互动链条。目前国际上普遍采用的虚拟账户法、影子价格法等核算工具，虽强化了自然资本的可视化，但本质上仍属于价值表征而非价值实现——这种“无市定价”模型仅能诠释生态系统的理论服务价值，而无法真实反映供需关系驱动的动态资产定价规律。从市场交易的角度来看，这种计量标准与现实交易需求的割裂，使得自然资本的金融化进程面临价值锚定物缺失的困境，既制约生态权益交易市场的规范性培育，也迟滞绿色金融工具的创新应用，亟待构建基于产权交易数据、价值贴现模型与动态博弈机制的新型价值转化范式。

中篇：实践与成效

第 4 章

量化价值：
把自然资本纳入国民经济核算体系

将自然资本纳入国民经济核算体系，如同为地球设立一个绿色账户，使人们清晰地看到经济活动对自然的影响，以及自然的存在对人类的贡献。在全球可持续发展的大背景下，国际社会日益重视自然资本核算工作，逐步开展系统性实践。联合国等国际机构主导并推动的综合环境与经济核算体系（SEEA），为各国提供了被广泛认可的规则指引。不同国家基于自身国情的实践，为全球自然资本核算提供了多元样本。这些探索不仅革新了经济核算的底层逻辑，更为生态保护与经济增长协同发展开辟了新路径。

4.1 国际组织实践：综合环境与经济核算体系

由联合国（UN）、欧盟委员会（EC）、联合国粮农组织（FAO）、经济合作与发展组织（OECD）、国际货币基金组织（IMF）和世界银行（WB）等国际机构主导并推动的综合环境与经济核算体系（SEEA）是最有代表性的核算体系（图 4.1）。

图 4.1 SEEA 的产生与发展历程

（1）萌芽阶段——初现生态系统核算模块

1993 年，联合国统计司（UNSD）出版了《国民核算手册：综合环境和经济核算》（SEEA 1993），首次建立了与国民经济核算体系（SNA）相一致的、系统地核算环境资源存量和资本流量的基础框架，但是 SEEA 并不是 SNA 的更新或替代，而是在不改变 SNA 的基础上考虑环境因素，对以 SNA 为核心的账户体系的补充。SEEA 1993 的形成标志着国际社会在环境与经济可持续发展方面的实践进入新阶段——从首脑会议的政治承诺与政策倡议阶段，正式转向可量化、可考核的制度构建与标准制定阶段。2000 年，UNSD 出版了 SEEA 2000 操作手册，该出版物为 SEEA 1993 中实用性模块的操作实施提供了分步指导，并阐述了 SEEA 在政策制定中的应用方向。

UN 和 EC 等国际组织基于各国在实施 SEEA 1993 中积累的实践经验及进展，对其进行了修订，发布了《2003 年国民核算手册：综合环境和经济核算》（SEEA 2003）。SEEA 2003 明确将环境资产分为自然资源、土地和生态系统三大类，提供了一些核算方法选项，并系统展示了各国不同做法的范例，标志着生态系统核算开始作为环境资产核算的一个模块而存在。SEEA 2003 在环境经济核算概念和方法的协调统一和资料丰富度方面向前迈出了一大步，为进一步规范全球各国环境经济账户编制提供了行动指南。

（2）发展阶段——提出生态系统核算概念框架

2012 年，联合国统计委员会（UNSC）通过了首个环境经济核算体系的国际统计标准《2012 年环境经济核算体系：中心框架》（SEEA 2012-CF）。SEEA 2012-CF 是一部用于理解环境与经济之间交互作用的多目标概念框架，成为测度可持续发展进程的有力工具。这一工具提供了国际公认的环境经济核算的概念和定义，可以帮助收集综合统计数据，开发统一且可比的统计指标。2014 年，UNSD 出版了《环境经济核算体系——实验性生态系统核算》（SEEA EEA），提出了生态系统核算的概念框架，在发展生态系统核算统计框架方面迈出了重要的一步。

（3）成熟阶段——形成生态系统独立核算体系

2021 年，UNSC 通过了具有里程碑意义的全新统计框架——《环境经济核算体系：生态系统核算》（SEEA EA），该框架在衡量经济繁荣和人类福祉时纳入了自然的贡献。SEEA EA 是一个综合、全面的统计框架，利用栖息地和景观等相关数据核算生态系统服务，掌握生态系统资产的变化，并将这些信息与经济和其他人类活动联系起来。SEEA EA 是关于生态系统核算的首个国际统计标准和准则，是世界各国在环境价值评估方面达成共识的重要一步，为各国相关工作者提供了国际认可的生态系统核算规则指引。新的统计体系强调了生态系统与其他经济资产一样需要我们的积极维护，改变了过去七十多年来“唯 GDP 论”的观念，使人们充分认识到生态系统为人类提供了重要服务、创造了重要价值。

4.2 国家实践：各国核算体系发展沿革

联合国等国际组织在进行环境经济可持续发展的制度化建设的同时，一些国家也进行了广泛的实践探索（图 4.2）。

4.2.1 挪威

挪威于 20 世纪 70 年代中期开始探索建立环境核算体系，是最早开始自然资源资产核算的国家之一。1972 年，挪威率先成立了环境部，是世界上最早为解决自然资源与环境问题而成立独立行政机构的国家之一。1974 年，环境部响应国会的号召，建立挪威资源核算体系（NRA）。1978 年，挪威统计局与财政部、环境部合作正式接受 NRA 研究任务，开始编制包含森林、能源、矿产和渔业在内的自然资源实物核算账户。1981 年，统计局发布报告《自然资源账户体系》，对核算体系的基本问题进行说明。1987 年，统计局公布了研究的初步成果《自然资源核算与分析：挪威 1978—1986 年的经验》，将自然资源分为物质资源（矿产资源、生物资源和流入资源）和环境资源（提供的服务，如清洁的空气等）。核算账户分为物质资源账户和环境账户，物质资源账户包含能源账户、矿产账户、森林账户和鱼类账户；环境账户包含土地使用账户、空气排放账户（朱道林等，2022）。随后多年逐步开发水账户、环境保护支出账户等。1997 年，挪威统计局国民账户司和环境统计司合作开展经济和环境核算项目，该项目包括三大内容，一是将环境统计纳入经济统计；二是将已经包含在经济统计中与环境

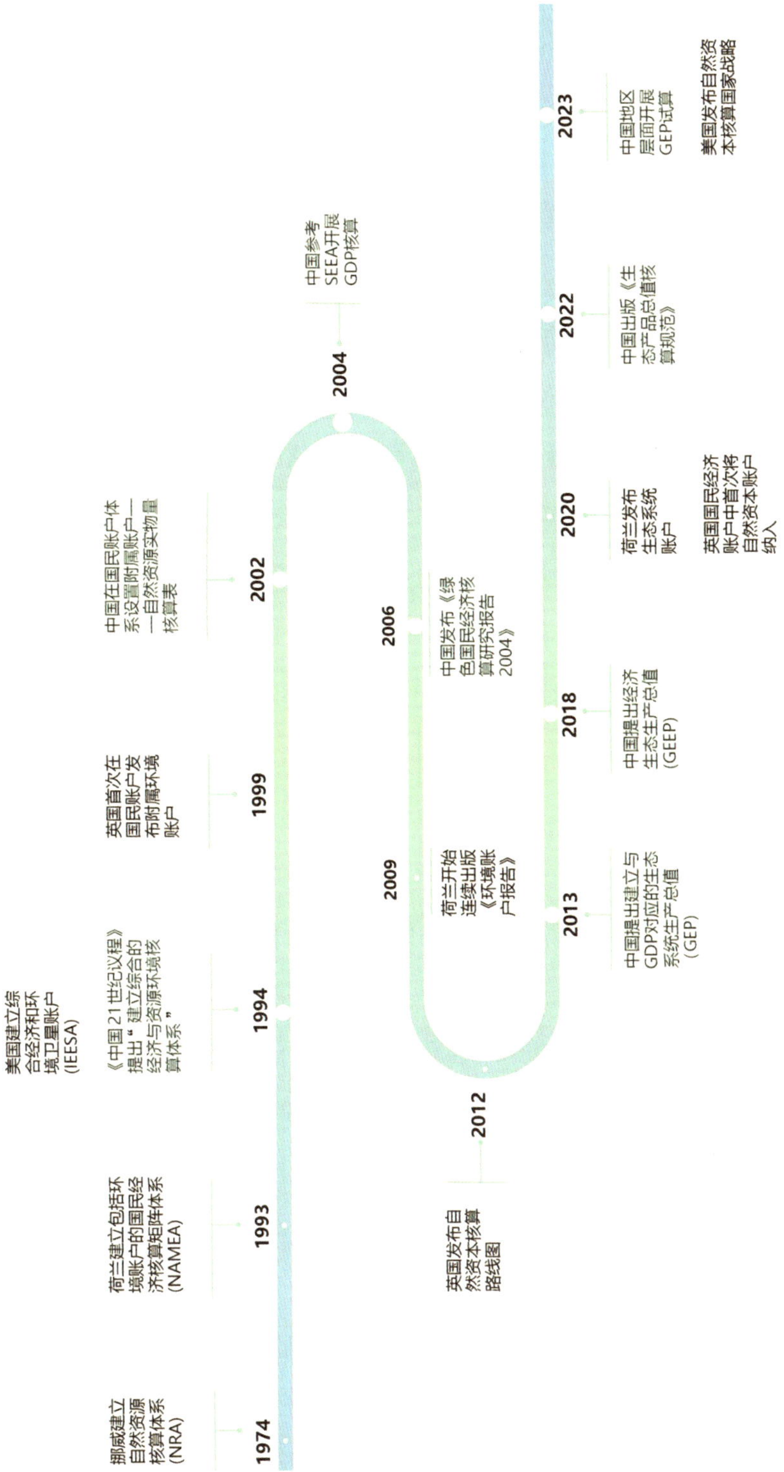

图 4.2　典型国家自然资本核算发展沿革

相关的信息分离；三是对重要自然资源进行评估。考虑本国国情，挪威侧重对能源矿产资源、土地资源、森林资源、水资源和鱼类资源的存量及流量状况进行核算，编制自然资源资产账户、自然资源资产流量账户。

4.2.2 荷兰

荷兰拥有储量丰富的石油和天然气，为了评估自身的可持续发展水平，荷兰政府积极创建并完善《包含环境账户的国民经济核算矩阵》（NAMEA）。1993 年，试编了荷兰第一套 NAMEA 账户。NAMEA 的基本思想是在传统的国民核算矩阵系统下增设环境账户，用于反映生产消费活动和自然环境之间的联系，其基本框架的实质是一个混合型账户，包括价值型国民核算矩阵、环境物质账户与环境主体账户。1994 年后 NAMEA 成为荷兰国民核算体系的一部分。随后多年，荷兰统计局等部门逐步开发扩展环境核算体系，2004—2010 年先后发布能源账户、环境税账户、油气账户、物质流动账户等。2009—2013 年出版《荷兰环境账户报告》，并在统计局的电子数据库上公布所有环境账户数据，目前已经形成一系列可比的时间序列数据。除了 NAMEA，2012 年，荷兰统计局等还参照 SEEA EEA 方法，开发国家级的生态系统账户，并于 2020 年发布生态系统账户，建立起包括生态系统类型、状况、服务、资产、碳和生物多样性等在内的高分辨率生态系统图册和生态系统核算表。荷兰也是目前第一个对 SEEA EEA 六个主要账户进行全面测试并建立国家级生态账户的国家。

4.2.3 美国

美国商务部经济分析局（BEA）自 1992 年起，开始分阶段开发综合经济和环境卫星账户（IEESA）。卫星账户是国民经济账户为扩展其分析功能而设置的一种补充账户。1993 年，在国民经济账户框架内开发第一阶段资源账户，设计该账户的总体架构，并对以煤、铁、石油等为代表的不可再生资源做较详细的估算。1994 年，BEA 公布了其框架设想和第一阶段的核算结果。第二阶段，侧重对不同类别的土地、林业、渔业、农业（如谷物和牲畜）等各种可再生资源进行核算。第三阶段，开始全面核算环境资产，侧重解决环境资源问题，包括空气、未开发的生物资源和水。在以上卫星账户开发与核算的基础上，2022 年 4 月，美国发布行政命令，要求将自然资本纳入美国官方经济统计，在国家层面构建自然资本核算框架，并于 2022 年 8 月公布了自然资本核算和相关环境经济统计的国家战略草案。2023 年，由白宫科技政策办公室、管理和预算办公室、美国商务部牵头制定的《为环境经济决策开发统计体系的国家战略——美国自然资本核算和环境经济统计体系》正式发布，首次明确要将自然资产纳入国家资产负债表，并计划 2036 年前将环境和自然因素纳入经济决策制定。

4.2.4　英国

1999 年，英国国家统计局在年度蓝皮书中与国民账户一起首次发布了作为国民账户“附属账户”的英国环境账户。英国环境账户包括 4 类账户：自然资源账户（提供石油、天然气的实物储物信息）、实物流量账户（包含矿物燃烧和能源消耗、大气排放、物质材料流动三部分实物流量信息）、货币账户（包含政府环境税收及政府和各行业的环境保护支出明细）和实验性自然资本账户（包含土地使用实验性账户和林业实验性账户）。2011 年，英国政府发布《自然选择：保护自然价值》白皮书，强调要将自然资本纳入英国的环境核算中并支持建立新的绿色产品和服务市场，同时成立英国自然资本委员会，与英国国家统计局共同推动将自然资本纳入英国的环境核算中。2012 年，英国国家统计局发布了自然资本核算路线图，提议设立 3 种自然资本账户，包括英国自然资本总账户、基于栖息地的生态系统账户和重要自然资产的交叉账户，并计划于2020年建立一套相对完整的英国自然资本账户。2013年，英国国家统计局参照SEEA 2012开展本国环境账户的修订工作，并发布英国环境账户（2013—2020年版），将其作为国民账户的卫星账户，衡量环境对经济的贡献、经济活动对环境的影响及社会对环境问题的反应。2019年，英国国家统计局发布《英国自然资本账户方法指南》。2020年，在蓝皮书中发布了相关统计数据，展示了包括自然资本账户在内的完整的国民经济账户体系。2022年，英国发布《自然资本账户路线图2022》，评估了自发布自然资本核算路线图以来所取得的成就，概述了各种挑战，并为下一阶段确定优先事项。英国在自然资本核算与评估成果应用等方面深耕多年，积累了一套成熟完备的实践经验，为全球其他国家提供了极具价值的参照范式。

4.2.5 中国

1992年，联合国环境与发展大会通过《21世纪议程》，为世界各国指引了兼顾经济与环境协同共进的方向，中国政府也立即做出庄严承诺，自此开启在环境经济核算领域的漫长探索征程。从1994年《中国21世纪议程》提出构建综合经济与资源环境核算体系，到后续多年间，中国在绿色国民经济核算（GGDP或EDP）、生态系统生产总值核算（GEP）、经济生态生产总值核算（GEEP）等多维度核算体系方面，进行了一系列开创性实践与深入研究。这些努力，不仅是对自身可持续发展路径的执着探寻，也为全球环境经济核算理论与实践的发展贡献了丰富且极具价值的“中国智慧”与“中国方案”。

（1）中国绿色国民经济核算（绿色GDP）

1994年3月，国务院第十六次常务会议审议通过《中国21世纪议程》，提出“建立综合的经济与资源环境核算体系”，同时将自然资源核算项目列入《中国21世纪议程》优先项目。2002年，国家统计局制定的《中国国民经济核算体系（2002）》专门设置了附属账户——自然资源实物量核算表，并制定了核算方案，同时试编了 2000 年全国土地、森林、矿产、水资源实物量核算表。2004 年，国家统计局、原国家环保总局联合开展了中国绿色 GDP 核算研究，在 10 个省市启动了绿色 GDP 核算试点，并于 2006 年发布了《中国绿色国民经济核算研究报告 2004》。该报告是中国第一份经环境污染调整的 GDP 核算研究报告，首次将环境污染损失纳入国民经济核算，得到了国际社会的高度评价，标志着中国绿色国民经济核算研究取得了阶段性成果。

（2）生态系统生产总值（GEP）核算

2013 年，中国科学家首次提出生态系统生产总值（GEP）的概念，对核算的指标体系、技术方法做了说明。自 2013 年以来，国内多家研究机构的学术研究人员从不同尺度开展了 GEP 核算研究。中国科学院于 2014 年构建了 GEP 核算的理论框架、核算指标和定量化计算方法，编制了《生态系统生产总值核算技术指南》，并在全国及各省（区、市）开展 GEP 核算应用示范。2021 年 3 月，GEP 被纳入 SEEA-EA 框架。框架第九章“生态系统服务价值量核算”详细介绍了 GEP 的概念，即“生态系统为人类福祉和经济社会可持续发展提供的最终产品与服务价值的总和”；框架第十四章“指标和综合性报告”将 GEP 列为生态系统服务和生态资产价值核算指标，联合国 2050 年可持续发展目标的衡量指标，以及从原始数据到决策支撑的基本指标。2022 年，国家发展改革委联合国家统计局发行《生态产品总值核算规范（试行）》，明确了生态产品总值核算的指标体系、具体算法、数据来源和统计口径，是中国首个给绿水青山贴上价值标签的规范性文件，并在地区层面开展生态产品总值试算工作。截至 2023 年，中国已有 17 个省级和 50 个市级政府发布了 GEP 应用指导方针，包括贵州省、青海省，以及广东省深圳市在内的约 200 个试点已经启动。GEP

核算结果已应用于生态文明建设目标考核、生态产品价值实现、生态保护成效评估等多个方面。

（3）经济生态生产总值（GEEP）

GEEP 是在国民经济生产总值的基础上，考虑人类在经济生产活动中对生态环境的损害和生态系统给经济系统提供的生态福祉，即在绿色 GDP 核算的基础上，增加生态系统给人类提供的生态福祉。2020 年，生态环境部环境规划院制定了《经济生态生产总值（GEEP）核算技术指南》。GEEP 核算主要包括绿色 GDP 核算和生态系统生产总值核算。前者主要在传统 GDP 基础上核减了资源消耗成本、环境退化成本、生态破坏成本和突发生态环境事件损失；后者主要核算生态系统提供的产品供给、调节服务和文化服务三部分内容。

4.3 经验启示

在全球可持续发展的大背景下，国际社会日益重视自然资本核算工作，并将其视为推动可持续发展和应对全球环境挑战的关键举措。实施环境经济核算，把自然要素融入国民账户体系，精准衡量自然对经济繁荣和人类福祉的贡献，成为国际社会广泛共识。当前，全球各国正积极投身于实践，不断探索自然资本价值核算与评估的新方法，旨在逐步建立一个更为科学、完善的核算体系，为可持续发展提供坚实支撑。自然资本核算的成果能够为可持续发展和宏观经济决策提供科学依据，助力政府制定前瞻性战略，推动环境政策的有效实施，同时赋能企业提升竞争力和环境风险管理水平，并进一步增强公众与社区的环保意识。

第 5 章

实现价值：构建多元化、市场化路径与模式

自然资本价值实现的关键是以自然资产保值增值为前提，通过构建多元化、市场化机制激活生态要素，推动自然与资本的双向价值流动。近年来，世界各地结合本国资源禀赋与发展需求，不断探索出生态补偿、权益交易、产业融合、绿色金融等多元路径与模式，打破了“保护与发展”的二元悖论，使自然要素在价值循环中持续增值。在此过程中，政府、企业、市场等多元主体依托各自优势有机联动，共同促进自然资本价值实现市场化机制的高效运行。

当前，国内外围绕自然资本价值实现，从生态补偿、产业发展、权益交易、金融支持等多个维度，开发出了许多极具创新性与探索性的价值实现路径与模式（图 5.1）。在生态补偿领域，通过建立健全流域上下游、横向区域间等生态补偿机制，协调利益关系，促进生态保护与经济发展的良性互动。在产业发展领域，各地积极挖掘特色自然资产，将生态优势转化为产业优势，如发展生态农业、生态旅游、林下经济等绿色产业，延伸产业链条，提升产品附加值。在权益交易方面，构建交易平台，完善交易规则，推动碳汇、碳排放权、水权、排污权等各类资源环境权益交易，激发市场活力。在金融支持层面，金融机构创新绿色金融产品与服务，推出绿色信贷、绿色债券、绿色保险等，为自然资本价值实现提供资金保障。这些丰富多样的实践，为自然资本价值的有效转化开辟了广阔空间，也为全球生态治理贡献了宝贵经验。

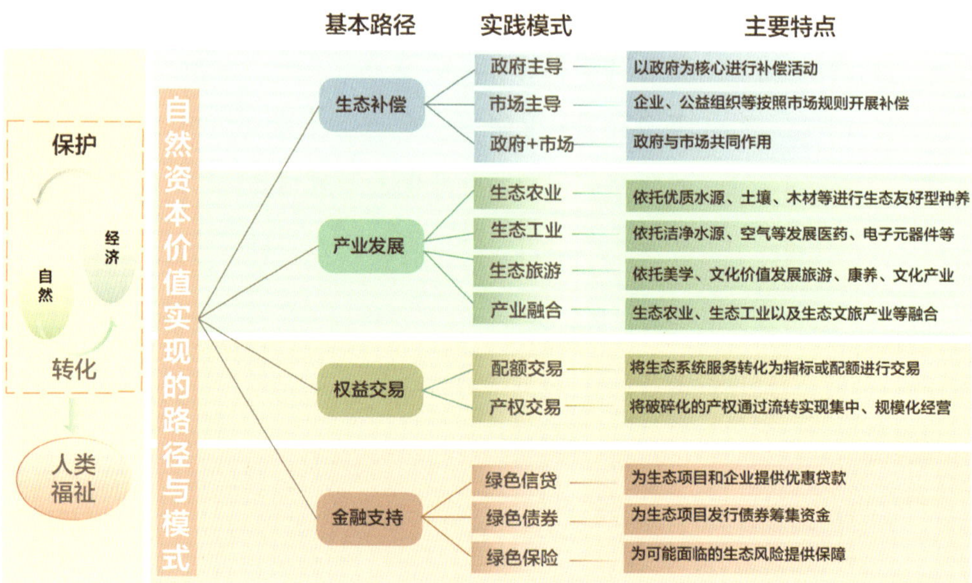

图 5.1　自然资本价值实现实践路径与模式

5.1　生态保护补偿

生态保护补偿是为了保护和可持续利用自然资本而设立的一种制度安排。简单来说，就是对那些为保护生态环境付出代价或放弃发展机会的地区和个人给予经济补偿。这种补偿通常涉及政府、企业和个人等多个主体。

政府主导下的生态补偿模式是指以政府为核心进行补偿活动，在该模式下，政府相关部门是自然资产的监管者、自然资本价值的评估者，也是生态补偿标准的制定者，更是生态补偿资金的出资者。

市场主导下的生态补偿模式是指企业、公益组织等社会力量按照市场规则，通过购买自然资本等方式开展生态保护补偿。

政府与市场联合型模式，是指政府与市场共同作用，发挥市场配置资源的决定性作用和政府主导的示范作用，以达到缓解财政压力、盘活有限资源、激发市场活力的生态补偿模式。

案例一：美国土地休耕保护计划

1985 年，美国颁布的《农业与食品安全法案》提出了美国土地休耕保护计划（Conservation Reserve Program，CRP）。美国政府在该计划中向土地所有者提供奖励，鼓励他们改变易受侵蚀、环境敏感性较高的农田或牧场的土地用途，以确保区域的生态系统服务价值。

CRP 由美国农业部直接负责，其他相关部门与机构协助支持。CRP 实施运作的流程包括农场主等土地所有者首先秉承自愿原则向美国农业部提出想要开展土地休耕的申请，申请中要注明申请耕地的基本信息，如耕地面积、耕地位置、耕地质量、耕地类型等，并说明土地所有者的预期补贴水平。随后，美国农业部结合环境效益指数和土地生产力进行筛选与审批，土地所有者获准加入 CRP 后，即可享受补贴。获批进入 CRP 的土地所有者需要签订 10～15 年土地休耕合同，合同期满之后可自愿选择是否续签。

美国 CRP 实施多年来，水土流失明显减少，土壤质量显著提高，环境质量大为改善，生态效益与社会效益明显。

案例二：中国国家重点生态功能区转移支付

中国国家重点生态功能区转移支付是中国乃至全球最大的政府生态保护补偿项目，其目的是提高生态功能重要地区政府部门的基本公共服务保障能力，引导地方政府加强生态环境保护。自 2008 年起，中央财政开始对国家重点生态功能区实施转移支付政策。为更好地发挥资金使用成效，先后制定了《国家重点生态功能区转移支付办法》《中央对地方重点生态功能区转移支付办法》，加强了重点生态功能区转移支付资金分配、使用的管理。同时，建立了生态保护补偿激励约束机制，制定了重点生态功能区县域生态环境质量监测与评价办法，每年对相关地区生态环境质量进行监测评价，根据评价情况实施奖惩，激励地方加大对生态环境保护的力度，实现转移支付资金的分配结果与生态保护结果紧密挂钩，提高资金使用效益，形成了“花钱问效、无效问责”的绩效评估机制。

2013—2023 年，重点生态功能区转移支付资金从 423 亿元增加至 1 091 亿元，累计投入 7 900 亿元。这一政策的实施，调动了地方建设生态文明的积极性，促进了地方经济发展方式的转变，推动了绿色发展理念的贯彻落实，县域生态环境呈现“总体稳定，稳中趋好”的态势，取得了较好的政策效果。

5.2　产业发展路径

产业发展路径是指充分发挥生态优势和资源优势，挖掘和显化自然资本价值，以产业生态化和生态产业化的方式促进自然资本价值实现，主要模式包括生态农业、生态工业、生态旅游等。

5.2.1　生态农业模式

生态农业模式是指依托独特的自然禀赋，利用自然生态系统下的优质空气、水、土壤、种质资源等，采取生态友好型种养方式生产农副产品，并通过市场交易实现溢价增值的模式。

案例一：中国浙江省安吉县："两片"叶子助推绿色发展

安吉县是中国浙江省湖州市的市属县，是"绿水青山就是金山银山"理念的诞生地，也是中国美丽乡村发源地。2005 年 8 月 15 日，时任浙江省委书记习近平在安吉调研时首次提出了"绿水青山就是金山银山"的科学论断，为安吉县生态文明建设指明了方向。

安吉县依托丰富的竹林资源，通过推广竹林栽培技术、建设竹子科技园区、发展"全竹利用"的竹木资源深加工产业、培育竹林旅游与乡村休闲旅游等，以全国 1.8% 的立竹量创造了中国 20% 的竹业产值，实现了以一根翠竹撑起一方绿色经济。

依托白茶产业基础，通过高标准建设标准化生态茶园，推动白茶深加工企业发展，研发安吉白茶产品，推进"机器换人"提升白茶加工水平，推动白茶产业与乡村旅游产业的深度融合，使安吉白茶品牌价值达 54.86 亿元（2024 年），连续 15 年跻身中国茶叶品牌价值十强，实现了一片叶子富一方百姓。

安吉县在“绿水青山就是金山银山”理念的科学指引下，以竹产业、白茶产业等为主体，初步探索出了一条生态美、产业兴、百姓富的可持续发展路子，让群众有了更多的获得感、幸福感。

[来源：生态环境部 “绿水青山就是金山银山”实践模式与典型案例（4）]

案例二：中国山东省蒙阴县打造生态循环立体农业

蒙阴县位于沂蒙山区腹地，境内林木覆盖率达73%，大小山头520座、河流178条、水库103座，素有“七山二水一分田”之说。蒙阴县大力发展生态循环的链条式农业，推进产业绿色转型，把生态富民理念融入经济社会发展各方面和全过程。

一是构建“兔—沼—果”生态循环产业链条。蒙阴县依托丰富的林草资源，利用自身的果树和养殖条件，把蜜桃种植、长毛兔养殖和沼气建设结合起来，利用树落叶加工成饲料喂养长毛兔，兔粪进入沼气池发酵，生产的沼气用来做饭、照明，沼渣、沼液用来为桃树施肥，构建形成“兔—沼—果”生态循环农业模式，既提升了果、兔产业附加值，又为果树提供了有机肥料，减少了化肥施用，提高了果品品质，实现了经济效益和生态效益“双赢”。

二是构建“果—菌—肥”生态循环产业链条。蒙阴县将百万亩林果每年产生的12万t果树枝变废为宝，以果木果枝为基料，粉碎制成菌棒菌袋，进行菌种培养后出菇，再利用“废菌包或细小果木枝条＋畜禽粪便＋微生物菌剂”的轻简化堆肥技术，制成生物有机肥进行还田，达到资源利用最大化、最优化，构建形成“果—菌—肥”循环农业模式，避免了化肥过量施用带来土壤酸化的影响，土壤有机质平均提高35%，1亩大棚以1万个菌棒计算，纯收入可达 4 万元。

根据 2022 年统计，蒙阴县建设优质农产品基地 65 万亩，累计认证“三品”品牌 188 个，良好农业规范（GAP）认证产品 2 个，农业农村部农产品地理标志认证产品 4 个，“蒙阴蜜桃”品牌价值 266 亿元，列入“中国农产品百强品牌”，蒙阴成为山东省特色农产品优势区和国家农产品质量安全县。

［来源：生态环境部　“绿水青山就是金山银山”实践模式与典型案例（6）］

5.2.2　生态工业模式

生态工业模式主要依托洁净水源、清洁空气、适宜气候等自然本底条件，适度发展数字经济、洁净医药、电子元器件产业，降低生产成本，推动生态优势转化为产业优势。

案例一：中国吉林省抚松县打造“矿泉水品牌”

抚松县位于吉林省东南部、长白山西北麓，天然矿泉水资源丰富，已探明水源地 45 处，被誉为世界天然优质矿泉水源富集地之一。凭借得天独厚的资源优势，抚松县通过水源保护、产业集聚、品牌创优，建设以矿泉水为主的绿色饮品产业集群，推动水生态产品价值实现。

“护水源”，促进矿泉水产业可持续发展。设立了 370.18 km^2 的吉林长白山天然矿泉水抚松饮用水保护区，专门成立“抚松矿泉水管理局”，规范县域内矿泉水资源的保护和管理；制定矿泉水水源保护和开发利用规划，实施重点水源地分级保护，定期监测矿泉水水质、水温、流量等，让好资源不受污染和破坏。

“聚产业”，打造矿泉水资源产业集群。政府设立专项补助资金，引导企业以市场需求为导向，加强新产品开发和技术创新，形成自主知识产权；推进4个矿泉水产业园区建设，先后培育了泉阳泉矿泉水等本土企业，引进了农夫山泉等国内龙头企业，集聚形成了一大批矿泉水、饮品生产及加工企业，促进资源优势转化为产业优势、规模化发展优势。

“树品牌”，提升生态产品综合价值。以泉阳泉饮品有限公司获准使用“吉林长白山天然矿泉水地理标志产品”为基础，打造泉阳泉饮品等品牌，以及林海雪原、峡谷泉等多个驰名商标，建立矿泉水产品的质量管控和品牌管理体系，树立抚松“绿色矿泉水”品牌；通过冠名等方式举办或赞助国内外大型展览会、高峰论坛，提升矿泉水产品的附加值和企业竞争力。

抚松县一手抓生态环境保护，做大做优“绿水青山”，提升优质生态产品供给能力；一手抓生态产业发展，因地制宜地发展矿泉水等绿色产业，促进了生态产品价值实现和效益提升。

[来源：自然资源部 生态产品价值实现典型案例（第三批）]

案例二：丹麦卡伦堡生态“工业共同体”

丹麦卡伦堡生态工业园区是目前国际上工业生态系统运行最典型的代表。该园区采取面向共生企业的循环经济发展模式，即把不同的工厂连接起来形成共享资源和互换副产品的产业共生组合，使得一家工厂的废气、废热、废水、废物成为另一家工厂的原料和能源，从而在更大范围内实现物料循环，减少废弃物排放。

卡伦堡生态工业园区以燃煤电厂、炼油厂、制药厂和石膏制板厂4个厂为核心，通过贸易的方式把其他企业的废弃物或副产品作为本企业的生产原料，建立工业共生和代谢生态链关系，最终实现园区污染物的“零排放”。其中，燃煤电厂位于工业生态系统的核心区域，对热能进行多级利用，对副产品和废物进行综合利用。电厂向炼油厂和制药厂供应发电过程中产生的蒸汽，使炼油厂和制药厂分别获得生产所需热能的 40% 和 100%；通过地下管道向卡伦堡全镇居民供热，由此关闭了镇上 3 500 座家庭锅炉，减少了大量的烟尘排放；剩余热量还用于渔业养殖，鱼池淤泥又用来制作有机肥料出售，使电厂的热能效应得到最大限度的发挥。电厂投资安装除尘脱硫设备，每年产出 8 万多 t 硫酸钙全部出售给石膏板厂，使该厂从西班牙进口原料减少 50%；将粉煤灰出售，用于铺路和生产水泥。炼油厂则将产生的火焰气通过管道供石膏厂用于石膏板生产的干燥，减少火焰气的排空；进行酸气脱硫产生的稀硫酸供给附近的一家硫酸厂，脱硫气供给电厂燃烧；将废水经生物净化处理，通过管道向电厂输送，每年输送电厂 70 万 m^3 的冷却水，占电厂淡水需求量的 25%。

该园区已建设成为一个包括发电厂、炼油厂、制药厂、石膏厂、硫酸厂、水泥厂以及种植业、养殖业、园艺业和卡伦堡镇供热系统在内的生态经济社会复合系统。通过能量物质在各企业间梯级开发和循环利用，极大地提高了资源利用效率，降低了生产成本，消除了环境污染。全系统每年约节省 4.5 万 t 石油、1.5 万 t 煤炭、60 万 m^3 淡水，减排 17.5 万 t 二氧化碳和 1.02 万 t 二氧化硫，还使 13 万 t 炉灰、4 500 t 硫、9 万 t 石膏、1 440 t 氮和 600 t 磷实现资源化重新利用。据统计，卡伦堡生态工业园区由此产生的经济效益每年约 1 000 万美元，每年可节约资金 150 万美元左右，目前已累计节约资金约 1 亿美元。

（来源：工业和信息化部火炬中心网站）

5.2.3 生态旅游模式

生态旅游模式主要是基于生态要素所蕴含的美学价值、文化价值（如优美自然风光、历史文化遗存），结合人力资本、人造资本（如交通、通信、酒店等基础设施），在最大限度减少人为扰动的前提下，融合发展旅游、康养、休闲、文化等产业，通过旅游者消费、购买产品等方式实现生态价值。

案例一：日本森林康养产业发展

20世纪60年代，日本经济高速发展，国民空闲时间增多，而多数国民身心处于亚健康状态。日本林野厅基于保护森林资源并提高国民福祉的目标，于1982年提出“森林浴”的概念，强调重视森林的健康保健功能。20世纪90年代，日本政府制定了以森林文化为重点的环境保护政策。进入21世纪后，日本森林康养产业迅速发展，“森林浴”逐步延伸为“森林疗法”，更加突出了森林对人体健康的有益作用。

日本为发展森林康养产业采取了一系列具体措施。2003年，“森林疗养学会”成立，负责开展森林疗养基地建设；2007年，日本卫生学会设置了“森林医学研究会”，主要进行森林医学相关研究，以推进森林康养产业发展；2008年，“森林疗法协会”应运而生，协会人员由政府官员、学者以及社会人士组成，通过定期举办活动宣传森林保健功能，从而深化国民对森林康养文化产品的认识。日本重视森林康养基地建设和认证工作，2004年，林野厅提出“森林疗法基地构想”，开启了日本森林疗法基地的建设工作。2006年，开启基地认证业务，明确基地认证一般需要经过13个月的审查周期，主要包括生理及心理学参与实验、自然和社会条件评估、住宿设施评价三个方面。截至2021年，日本通过认证的森林疗养基地已达 60 余处，从北海道到冲绳县几乎覆盖了日本所有县。另外，日本建立了森林疗养师资格考试制度，构建了完善的森林疗养知识体系，规定获得一级资质可获得森林疗养师从业资格，获得二级资质可进行森林疗养向导工作。

随着大量社会资本逐步涌入森林康养产业，政府财政压力得到缓解，森林文化服务类生态产品价值得到充分体现。数据显示，目前日本年均参与森林康养服务高达 8 亿人次。2019 年仅在长野县信浓町接受森林康养服务的人数便高达 6 000 余人，2015—2019 年直接产生的经济效益达 2.189 亿日元。日本森林康养产业的发展通过多样化森林体验产品实现了森林“生态价值”到“经济价值”的转变，又通过对有关配套设施的深度开发，带动了区域经济发展，提高了当地居民收入。

[来源：（王怀毅等，2022）]

案例二：中国江西婺源：美丽乡村绿色崛起的先行者

生态是婺源最大的优势，婺源以生态“含绿量”提升发展“含金量”，把生态优势转化为发展优势，为打造美丽中国“江西样板”贡献“婺源方案”。主要做法如下：

一是秉持“绿水青山就是金山银山”理念。历史上，婺源百姓养成了尊重自然、敬畏山水的生态自觉，保留了“杀猪封山”“生子植树”等村规民约和“养生禁示”“封河禁渔”等自治石碑。婺源先人们朴素的环境保护思想，催生了环境保护习俗。进入新时代，婺源更加注重在传承中与时俱进，不断激发广大群众保护生态环境的积极性。通过构筑生态产品价值实现“四梁八柱”，先后出台《婺源县生态综合补偿实施方案（2023—2025年）》《婺源县生态产品价值实现机制示范基地建设工作方案》《婺源县古建筑全球认购认领保护工作实施方案》《婺源县森林赎买实施方案》等文件，确保人尽其才、物尽其用。

二是坚持创新引领。为打通“资源—资产—资本—资金”的“两山”转化新路径，该县着力推进生态产品的确权、量化评估工作，加快建立生态权益资源库，构建分类合理、内容完善的自然资源资产产权体系。专门成立“两山”转化中心，搭建集软件应用、价值评估、窗口办理和线下交易等于一体的公共服务平台，着力破解生态产品交易中长期存在的信息孤岛问题。不断完善生态产品价值实现机制，编制完成上饶市首份GEP精算报告，积极谋划思口镇生态产品价值实现试点工程。创新推出古建筑全球认购、森林赎买和茶叶价格指数保险等特色做法，实施“整体性转让、整村式搬迁、市场化开发”等举措，采取“公司+景区+农户”形式，加快催动古宅“生金”、山水“淌银”。

三是发展乡村旅游。婺源县把乡村旅游作为主导产业，以“种风景”的理念种植油菜花，全域赏花游催生出“美丽经济”。升级改造、高品位开发一批传统景区，不断提升独特旅游品牌辨识度。大力实施“旅游+”战略，促进旅游与工业、农业、体育等相关产业深度融合，开发了养生、康体、观光等多元休闲度假产品，推动田园变公园、村庄变景区、农房变客房、村民变股东，实现生态致富。2023年，婺源县接待游客2 620.3万人次，综合收入256.8亿元；直接从事旅游人员突破8万人，间接受益者突破25万人。

（来源：《婺源醉美自然保护地》）

5.2.4 产业融合发展模式

产业融合发展模式是指生态农业、生态工业以及生态旅游等产业相互渗透、相互交叉、相互融合促进自然资本价值实现的模式。

案例一：中国青海省“茶卡盐湖”产业融合

茶卡盐湖位于青海省海西蒙古族藏族自治州（简称海西州）乌兰县茶卡镇，总面积 112 km^2。“茶卡”之名源于藏语，意为盐的海洋，茶卡盐湖储盐量超 4.53 亿 t，盐层厚度约 8 m，氯化钠浓度高达 94% 以上，年产量达 100 万 t，拥有约 3 000 年采盐历史，是中国首家绿色食用盐生产基地。茶卡镇充分挖掘独特的盐湖资源，集聚茶卡各类发展要素，发挥自然资源资产多元化价值，全力推动文化、旅游、工业、农业深度融合，打造“大茶卡”旅游综合体，将优质生态产品的综合效益转化为高质量发展的动力，走出了一条“生态产业化、产业生态化”的绿色发展之路。

积极探索“文化 + 旅游 + 工业”价值实现模式。将盐湖资源开采与旅游开发活动分区管理，准确划分盐湖游览区、开采生产区、生态休养区等功能分区，对盐湖进行划区域定时休养，丰富再生盐层。同时，在海西州和乌兰县政府主导下由原管理企业牵头成立文旅公司，负责茶卡盐湖景区的全面建设和运营，累计投入近 7 亿元，按照旅游发展与生态环保并重理念，以“大美茶卡、盐业遗风、民族风情”为主题完成了茶卡盐湖景区基础设施、市政管网、智慧旅游三大类别百余个单体工程的建设，构建起“一轴二区三广场”的旅游空间布局，逐渐形成工业生产与文化旅游兼顾的旅游产业发展格局。

不断拓展资源价值实现渠道和产业链条。在积极发展旅游产业的基础上，茶卡盐湖不断拓展产业链条，构建了盐湖观光、工艺体验、休闲保健、民族文化、湿地生态、科普游学六大产品体系，并通过借助移动互联网等创新品牌宣传模式、深挖品牌文化底蕴、开辟文旅融合发展渠道等，不断提升“茶卡盐湖·天空之镜”品牌知名度，吸引游客关注。

积极发展绿色能源产业。依托茶卡盐湖地理位置优势、太阳辐射强、日照时间长等自然条件，逐步建立集风能、光伏、光热、储能于一体的新能源产业体系，成为拉动工业、旅游、畜牧业发展的优势产业和亮丽名片。

茶卡镇以“文化+旅游+工业”的创新模式推动盐湖资源综合开发，形成了采制盐、生态旅游、生态畜牧业等互相融合的产业形式，以单一盐湖资源的多种用途促进了生态产品内在价值逐步转化为经济效益。

[来源：自然资源部 生态产品价值实现典型案例（第四批）]

案例二：中国贵州省乌当区“大数据+生态产业”融合

乌当区位于贵州省中部、贵阳市区东北部，地理区位优越，境内民俗风情浓郁，旅游资源丰富，历史文化底蕴厚重，生物多样性特征明显，山水林田错落有致，享有“黔中秘境·自然乌当”美誉。为深化“绿水青山就是金山银山”理念实践创新，提出了打造“百姓富、生态美”有机统一的“生态健康之区”的总体要求。

推动大生态与大健康产业融合发展。乌当区以优势特色医药产业为基础，向下延伸健康旅游、运动休闲、养老养生等健康服务业领域，带动乌当区生态农业、生态工业、生态旅游服务业大发展，着力实现生态产业化、产业生态化，将清新空气、清洁水源、凉爽气候、绿色农产品等生态资源优势转化为产业发展优势，发展生态利用型、循环高效型、低碳清洁型产业，全业态打造生态健康产业体系，有效促进乌当区产业融合发展。

推动大健康与大数据产业融合发展。乌当区实施大数据“助飞”大健康发展战略，运用大数据、云计算、物联网、移动互联等信息技术加快整合健康医疗产业资源，推动大数据在公共医疗保障、个性化健康管理、远程医疗咨询、精准服务定位等诸领域应用，打造健康大数据全产业链。

推动大生态与大旅游产业融合发展。乌当区整合好山水、生态、田园、地热、文化等资源优势，大力发展山地旅游、康体运动、养生养老、民俗休闲、农业观光、文化体验等生态特色健康旅游业态。以创建全域旅游区为契机，着力培育文化旅游战略性主导产业，以全域旅游统揽产业发展，用“绿水青山‘引来’金山银山”。

乌当区结合发展实际，确立“生态健康之区”的主导产业选择，大力发展健康旅游产业，推动发展健康大数据产业，推动“大数据+生态产业”深度融合，走出一条符合乌当实际、具有乌当特色的绿色发展转型升级之路。

[来源：生态环境部 “绿水青山就是金山银山”实践模式与典型案例（14）]

5.3 权益交易路径

权益交易路径是指生产消费关系较为明确的生态系统服务权益、污染排放权益和资源开发与流转权益的产权人和受益人之间直接通过一定程度的市场化机制实现价值的路径。

5.3.1 配额（指标）交易

配额（指标）交易路径是指政府通过法律或行政管控等方式，对自然资源、生态容量、生态权益实施总量控制，将非标准化的生态系统服务转化为标准化的“指标”和“配额”产品，通过市场交易方式实现价值。例如，碳排放权配额交易、碳汇交易、湿地信用指标交易、森林覆盖率指标交易等。

其中，碳汇交易本质上是将生态系统“固定二氧化碳”的功能开发为生态产品，并通过碳排放权配额管理、自愿交易、碳市场交易等方式，实现森林、海洋等碳汇产品的价值，促进碳达峰碳中和。林业碳汇交易是指通过市场化手段参与林业资源交易，从而产生额外的经济价值，包括森林经营性碳汇和造林碳汇两个方面。森林经营性碳汇针对的是现有森林，通过森林经营手段促进林木生长，增加碳汇。造林碳汇项目由政府、部门、企业和林权主体合作开发，政府主要发挥牵头和引导作用，林业部门负责项目开发的组织工作，项目企业承担碳汇计量、核签、上市等工作，林权主体是收益的一方，有需求的温室气体排放企业实施购买碳汇。

除了林业碳汇交易，还有海洋碳汇交易和农业碳汇交易等概念。海洋碳汇交易主要涉及海洋生态系统吸收和储存二氧化碳的相关交易；农业碳汇交易则侧重农业领域的减排和碳汇项目，如通过改进农业生产方式、增加土壤有机碳等实现的碳汇增加。

配额交易路径主要包括总量配额交易和开发配额交易（张林波等，2021）。总量配额交易是指政府对某种自然资源提出区域总量控制目标要求，不能满足资源总量要求的区域与资源丰富区域的政府之间通过协商机制让渡资源配额指标。开发配额交易是指自然资源开发占用者购买自然资源异地恢复配额指标的交易模式。

案例一：美国湿地信用指标交易

美国湿地面积居世界第二位，自 1970 年起湿地资源持续遭到破坏性开发。为恢复湿地受损的生态功能，1983 年，美国鱼类和野生动物管理局（USFWS）支持商业公司等建设和运营第一批湿地缓解银行（Wetland Mitigation Bank）。

湿地缓解银行运作模式的特点是“信用点”交易实现湿地资源的零净损失，其中量化湿地资源、引入市场力量、整治运营规模是湿地缓解银行顺利运作的关键。美国湿地缓解银行实施运作的 3 个利益相关方为湿地缓解银行发起人、湿地开发者、湿地缓解银行审核小组（MBRT）。湿地缓解银行发起人是卖方，主要是私人企业、政府机构、非营利性组织等。他们首先需要向 MBRT 提交计划书草案，通过审核后签署银行协议书，并按内容履约，建设湿地缓解银行，创造湿地信用。湿地开发者是买方，通常是从事开发活动、对湿地造成破坏的开发者。他们在开发活动前，必须尽可能选择避免破坏湿地或将破坏最小化的方案，对于那些无法避免且已经最小化的不良影响，需要购买湿地信用进行等效补偿。湿地缓解银行审核小组是湿地事务管理体系，由美国国家环境保护局（USEPA）、美国陆军工程兵团（USACE）、相关联邦机构、州政府及地方政府等构成。MBRT 要审核计划书草案，对银行协议书的履约和湿地信用的产生进行监管；同时监管湿地开发者是否遵守“避免、最小化、补偿”顺序，并遵从湿地开发许可证进行开发活动。湿地缓解银行是一种监管驱动下的市场化补偿机制，通过湿地信用交易，实现占补平衡目标，其成功实践依赖于市场创建和市场运行方面一系列制度的建立（柳荻等，2018）。

[来源：自然资源部 生态产品价值实现典型案例（第一批）]

案例二：中国重庆市森林覆盖率指标交易

重庆位于中国西南部，是长江上游重要的生态廊道。为筑牢长江上游重要生态屏障，推动城乡自然资本增值，重庆市于2018年印发了《国土绿化提升行动实施方案（2018—2020年）》，提出到2022年全市森林覆盖率从45.4%提升到55%，2018—2020年计划完成营造林1 700万亩。为了促使各区县切实履行职责，重庆市将森林覆盖率作为约束性指标，对每个区县进行统一考核，明确各地政府的主体责任。同时，考虑到各区县自然条件不同、发展定位各异、部分区县国土绿化空间有限等实际，印发了《重庆市实施横向生态补偿 提高森林覆盖率工作方案（试行）》，对完成森林覆盖率目标确有困难的地区，允许其购买森林面积指标，用于本地区森林覆盖率目标值的计算，让保护生态的地区得补偿、不吃亏，探索建立了基于森林覆盖率指标交易的生态产品价值实现机制，形成了区域间生态保护与经济社会发展的良性循环。主要做法如下。

一是明确任务，分类划标。重庆市将全市2022年森林覆盖率达到目标值作为每个区县的统一考核目标，促使各区县政府由被动完成植树造林任务转变为主动加强国土绿化工作，切实履行提高森林覆盖率的主体责任。同时，根据全市的自然条件和主体功能定位，将38个区县到2022年底的森林覆盖率目标划分为3类：产粮大县或菜油主产区（不包括国家重点生态功能区县）的9个区县森林覆盖率目标值不低于50%；既是产粮大县又是菜油主产区（不包括国家重点生态功能区县）的6个区县目标值不低于45%；其余23个区县的目标值不低于55%。

二是搭建平台，自愿交易。构建基于森林覆盖率指标的交易平台，对达到森林覆盖率目标值确有实际困难的区县，允许其在重庆市域内向森林覆盖率已超过目标值的区县购买森林面积指标，计入本区县森林覆盖率；但出售方扣除出售的森林面积后，其森林覆盖率不得低于60%。需购买森林面积指标的区县与拟出售森林面积指标的区县进行沟通，根据森林所在位置、质量、造林及管护成本等因素，协商确认森林面积指标价格，原则上不低于 1 000 元 / 亩；同时购买方还需要从购买之时起支付森林管护经费，原则上每年不低于 100 元 / 亩，管护年限原则上不少于 15 年，管护经费可以分年度或分 3 ～ 5 次集中支付。交易双方对购买指标的面积、位置、价格、管护及支付进度等达成一致后，在重庆市林业局见证下签订购买森林面积指标的协议。交易的森林面积指标仅用于各区县森林覆盖率目标值计算，不与林地、林木所有权等权利挂钩，也不与各级造林任务、资金补助挂钩。

三是定期监测，强化考核。协议履行后，由交易双方联合向重庆市林业局报送协议履行情况。市林业局负责牵头建立追踪监测制度，印发了《重庆市国土绿化提升行动营造林技术和管理指导意见》和检查验收、年度考核等制度规范，加强业务指导和监督检查，督促指导交易双方认真履行购买森林面积指标的协议，完成涉及交易双方的森林面积指标转移、森林覆盖率目标值确认等工作。市林业局定期监测各区县森林覆盖率情况，对森林覆盖率没有达到目标的区县政府，提请市政府进行问责追责。

[来源：自然资源部 生态产品价值实现典型案例（第一批）]

案例三：澳大利亚土壤碳汇交易

为激励企业、家庭和土地所有者主动减少碳排放和增加碳储量，澳大利亚联邦政府提出要从广泛的来源购买最低成本的碳汇产品。同时，澳大利亚的应对气候变化战略也明确了投资新技术以降低排放、帮助土地和农业部门减少温室气体排放等八个方面的减排举措。为推动上述措施落地，根据2011年《碳信用（碳农业倡议）法案》，澳大利亚2015年专门成立了减排基金（Emissions Reduction Fund，ERF），之后在此基础上又成立了气候解决方案基金（Climate Solutions Fund，CSF），用于支持土地所有者、社区和企业开展的各类减排项目，推动政府实现“到2030年排放量比2005年减少26%～28%”的目标。

气候解决方案基金在农业、草原火灾管理、石油和天然气、运输、废弃物处置等多个领域设置项目。其中，农业领域针对牧场和耕地设置了土壤碳汇项目，主要是通过保护性耕种等合格的土地管理活动，将碳储存在土壤中，提高耕地、牧场等土壤碳汇水平，并通过碳信用额等方式参与碳市场交易，减少大气中的温室气体。

市场主体可以通过运行土壤碳项目获取碳信用额度，在获取土壤碳信用额后，项目申请者即可直接参与碳市场（或场外）交易，将碳信用额出售给澳大利亚政府、企业或其他碳抵消需求者。参与澳大利亚气候解决方案基金开展农业土壤碳汇项目（含农田）需要四步程序：一是项目规划，项目申请者制订全新的土地管理计划，通过政府审查批准并获得利益相关者同意后，确定项目持续期，评估项目成本（包括运行、取样、报告、审计等的成本）与回报；二是项目注册，主要是向气候解决方案基金管理方提供土地管理策略说明、项目位置地图及预估减排量；三是项目执行，在项目区域内圈定碳估算区域，通过随机取样测定土壤碳基线（基线取样），并开始运行土地管理策略；四是做出碳抵消报告及获取碳信用额，在项目运行若干年后，对土壤碳进行抽样测量（方法同基线测量），并向气候解决方案基金做出碳抵消报告，内容包含按照土壤碳变化量减去项目排放量增量所获得的土壤碳净增量，在聘请注册审计员对报告进行评估后可获得碳信用额。

为确保碳汇信用的有效性，澳大利亚气候解决方案基金采取了一定的措施。一是将项目持续期设置为 25 年或 100 年，实现以较长的项目周期确保维持土壤储存的碳。二是严格设置了推荐活动、限制和禁止活动，推荐活动包括施用营养物质、作物留茬、转换为永久牧场等，限制和禁止活动包括使用不合格的非合成肥料、干扰土壤深度超过基线取样深度等。三是设置碳信用额认定折扣，以确保发放的碳信用额不会高估实际储存的碳，如针对项目持续期，分别设置 100 年扣除 5%、25 年扣除 25% 的折扣方式；基线取样（总第一轮取样）后第一次抽样（总第二轮取样）获取的碳信用额设置为测定量的 50%，而第三轮及后续取样不使用该折扣；根据报告中土壤碳含量的变化程度设置相应的折扣等。四是利用反向拍卖，促进农田土壤碳汇供给者之间的竞争，实现政府以最优价格购买碳汇信用。

澳大利亚设置农业土壤碳项目以来，其有效申请数量逐年上升，截至 2021 年上半年，澳大利亚农业土壤碳汇项目达到 45 个，碳信用额达 27.56 万个单位，政府为每个单位碳信用额付出的补偿资金提升至 14.5 美元，促进了土壤碳汇产品价值实现和耕地保护的良性循环。

[来源：自然资源部 生态产品价值实现典型案例（第三批）]

案例四：中国福建省三明市碳汇交易

福建省三明市森林资源丰富，森林覆盖率达 78.73%，集体林占比较高，是中国南方重点集体林区、全国集体林区改革试验区和福建省重要的林产加工基地。从 2010 年开始，三明市探索开展林业碳汇产品交易，主要通过人工经营提高森林固碳能力，再将经过核证签发的森林碳汇量，有序转化为林业碳汇产品，借助碳排放权市场或自愿市场进行交易。

开展福建林业碳汇（FFCER）交易，利用全国碳排放权交易试点的契机，福建省将林业碳汇产品作为碳排放权市场的交易标的之一，试点中纳入控制碳排放范围的企业，如果其实际碳排放量超过配额，可以购买其他控排企业剩余的碳排放权配额，或者购买经过核证的森林碳汇量等自愿减排核证减排量进行抵消。2018 年，将乐县金森公司和尤溪县鸿圣公司共完成 31.7 万 t FFCER 碳减排量交易，成交金额 423 万元。

探索林业“碳票”，创新林业碳汇价值实现渠道。2021 年 3 月，三明市探索构建林业“碳票”制度，采用“森林年净固碳量”作为碳中和目标下衡量森林碳汇能力的基础，对符合条件的林业碳汇量签发林业碳票（单位为 t，以二氧化碳当量衡量），并享有交易、质押、兑现等功能，鼓励在三明市举办的赛事演出等大中型活动，优先购买林业碳票以抵消其碳排放量。

近 20 年来，三明市认真践行“绿水青山就是金山银山”理念，发挥森林资源优势，探索实践了林业碳汇价值实现路径，逐步打通森林生态价值转化为经济价值的渠道，实现了生态环境保护与经济发展协同共进。

[来源：自然资源部 生态产品价值实现典型案例（第三批）]

5.3.2 产权交易路径

产权交易是一种将自然资产产权在不同主体间进行流转的市场机制。通过明确或扩展自然资源的权属及交易形式，如自然资源使用权、经营权的出让、转让、出租、抵押、入股等，促进市场化运营。在该模式下，自然资源产权购买方以市场交易方式给予提供者一定的经济补偿，通过产权流转等方式，实现自然资产的集中化和规模化经营，减少了交易成本。

案例：福建省南平市“生态银行”

福建省南平市生态环境优越，自然资源丰富，但经济发展水平在全省相对滞后。为加快推动生态优势有效转化为经济优势，南平市于 2017 年底启动“生态银行”试点。目前，在森林资源、水资源、文化资源等方面形成了较为成熟的运作模式。

南平市“生态银行”是对自然资源进行资本化运作的运营平台。其核心理念是借鉴商业银行“分散化输入、集中式输出”的模式，将分散的森林、土地、水、农业等自然资源以及民居、非物质文化遗产等文旅资源进行资源整合和运作，发挥平台集聚信息、整合资源、提升信用等方面的优势，实现或提升相关资源的价值，最终使资源所有者受益。

其操作程序主要包括四步：一是组建机构。市、县两级政府出资，分别成立“生态银行”运营公司。其中，市级公司主要负责整体统筹、策划包装、招商推介、投融资策划等；县级公司按照“一县一品”的原则，具体负责某一特定自然资源的流转储备、市场化运营和产品开发。二是收储保护。在前期摸底确权、项目策划的基础上，县级平台公司以收购、租赁、托管、股权合作等方式将分散的自然资源产权集中到其名下。三是治理提升。由专业人员进行资源环境治理和价值提升，形成集中连片优质的“自然资源资产包”。四是经营转化。通过股权合作、委托经营等方式，引入专业的运营管理企业，同时吸引资金投入，对资产包进行开发运营，实现或提升其价值。

[来源：自然资源部 生态产品价值实现典型案例（第一批）]

5.4 金融支持路径

金融助力自然资本变现的核心在于利用自身独特属性巧妙匹配自然资本价值实现需求。首先，金融具备强大的资金汇聚能力，能将社会各处分散的小额资金整合为规模庞大的资金池，为自然资本项目注入充足“血液”，解决可持续发展的资金难题。其次，金融具备时间价值调配功能，可基于对未来收益预期提前投入资金，契合自然资本项目前期投入大、回报周期长等特征。最后，金融市场完善的价格发现与风险分散机制，能够精准衡量自然资本价值并合理分摊风险，与自然资本价值实现中需明确价值标准、管控复杂风险的需求高度契合。这些天然重叠之处，赋予了金融助力自然资本变现得天独厚的优势，成为主要抓手之一。金融支持路径主要包括绿色信贷、绿色债券、绿色保险等。

绿色信贷是指金融机构为支持环境改善、应对气候变化和资源节约高效利用的经济活动所提供的信贷融资服务。从主体关系来看，金融机构（如银行）是实施者。一方面，对于符合绿色标准的项目（如可再生能源项目、节能减排项目等），金融机构给予优惠利率贷款、延长贷款期限等支持性信贷政策；另一方面，对高污染、高能耗且不符合环保要求的项目则限制或不予信贷投放。这有助于引导资金流向绿色产业，推动经济向可持续发展转型，同时能促使企业更加注重环保，实现经济效益与环境效益的平衡。

绿色债券是一种特殊的债券。从发行主体来看，政府、金融机构或企业都可发行。它的主要目的是为特定的绿色项目筹集资金，这些项目往往与环境相关，如可再生能源项目（太阳能、风能发电等）、节能减排项目、污染防治项目等。对于投资者来说，购买绿色债券一方面可以获得固定的收益回报；另一方面是在支持生态环保事业。绿色债券在发行过程中通常会遵循特定的绿色标准，以确保资金投向符合规定的绿色项目。

绿色保险是一种创新型保险产品。它主要与环境风险相关。一方面，从承保标的来看，针对的是具有环境风险的企业或项目，如高污染企业、新能源项目等。例如，为企业的污染排放可能造成的第三方损害提供保障；另一方面，在功能上，一是对企业自身面临的环境责任风险进行分散，促使企业加强环境风险管理。二是推动环境保护，通过保险费率杠杆等机制，鼓励企业采用环保技术和措施，减少污染排放。三是为环境损害受害者提供经济补偿途径，保障公众利益。

案例一：大自然保护协会（TNC）“债转自然”

“债转自然”（Debt Conversion for Nature）也被称为“债务换自然”（Debt for Nature Swap），是一个能同时提供保护资金和缓

解债务压力的有效工具。其通过对债务国已有债务进行重组或再融资，从而为债务国减少需要偿付的本金或利息，并将这部分资金全部或部分用于自然保护活动。

债转自然起源于20世纪80年代的拉美债务危机。该交易由债权人为债务国提供减少债务或减少偿债金额的机会，以换取债务国与生态保护或气候有关的支出或政策承诺（简单地说，就是要求债务国做出保护自然环境的承诺，以换取减免债等优惠）。这种只有债权人和债务人双方参与、以双边债务为主的债转自然，是后期多种交易模式的雏形。

近年来，大自然保护协会（TNC）分别在塞舌尔（2016年）、伯利兹（2021年）、巴巴多斯（2022年）完成了3个债转自然项目。三个国家生态环境较为脆弱，海洋旅游业对经济贡献较大。

2016年，TNC发起债转自然协议，重组了塞舌尔对巴黎俱乐部成员国（主要是英国、法国、比利时和意大利）的2160万美元的主权债务，以换取其保护海洋的承诺。在TNC的主导下，注册于塞舌尔当地的独立信托基金——塞舌尔环境保护与气候适应信托基金（Seychelles Conservation and Climate Adaptation Trust，SeyCCAT）成立。TNC通过慈善捐款（500万美元）和贷款（1 520万美元）的形式向SeyCCAT提供资金，SeyCCAT则按原有本金的93.5%向债权人买下了塞舌尔政府的待还债务。如此一来，塞舌尔政府不再欠巴黎俱乐部2 160万美元，而SeyCATT成为塞舌尔政府新的名义债权人；由于整个交易结构中要求偿付的只有TNC的贷款，TNC成为塞舌尔政府的实际债权人。塞舌尔政府以较低的利率偿还SeyCCAT的贷款，从而减少了利息的支付，节约下来的资金用于海洋保护工作。塞舌尔政府同意将其领海 30% 的海域划为保护区，不进行无管制的经济活动（如捕鱼和钻探）。截至 2020 年 3 月，塞舌尔已按时支付了所有与债务有关的款项，并完成了对其 32% 海域的保护。截至 2021 年 12 月，SeyCCAT 共计为当地的保护项目提供资金超过 130 万美元。

相较于塞舌尔案例，伯利兹和巴巴多斯案例中引入了担保、保险等增信机制，使得债转自然的交易结构更加成熟完善；而伯利兹和巴巴多斯案例中的增信主体和机制差异，又体现出债转自然交易结构保持着较大的灵活性和可复制性。

开展 TNC 债转自然项目时，塞舌尔和巴巴多斯在此前已经完成了一轮债务重组，债务压力相对较小，伯利兹面临较大的债务和流动性压力，迫切需要债务重组。三个国家均成功完成债转自然，说明：一方面，该机制可以同时解决生态和债务问题；另一方面，即使债务问题并不十分严峻，该机制也能为自然保护活动提供一定的资金支持。

［来源：大自然保护协会（TNC）］

案例二：中国“蚂蚁森林”项目

2016 年 8 月，“蚂蚁森林”在支付宝上线，是一项旨在带动公众低碳减排的公益项目。在蚂蚁森林里每个人的低碳行为可计为“绿色能量”，当其积累到一定程度，就可以用手机申请在生态亟需修复的地区种下一棵真树，或者在生物多样性亟需保护的地区“认领”保护权益。蚂蚁森林在各地的生态修复项目，是由蚂蚁集团向公益机构捐赠资金，由公益机构组织种植养护等具体工作，并由当地林业部门进行业务监管，所有项目都有对应的捐赠协议、验收报告。通过蚂蚁森林，用户能够以一种轻松、有趣的方式参与环保活动，同时为全球的环境保护做出贡献。2019 年，“蚂蚁森林”项目获得联合国最高环保荣誉——“地球卫士奖”中的“激励与行动奖”。

“蚂蚁森林”项目的具体做法：通过大数据和算法将用户在支付宝平台进行过的线上交易数据和可以被平台收集的环保行为数据折算为相应的减碳量，如使用共享单车、乘坐公共交通、行走等，于次日以绿色能量的形式供用户限时采集；当绿色能量积累到一定数额时，可进行多样化虚拟数字树的兑换；兑换成功后再通过企业捐赠在物理世界指定区域内进行植树；植树项目经过专家审核、第三方评估、报生态环境部门备案，并雇用当地民众进行后续的养护，聘请第三方机构鉴定成活率是否达到国家标准，最终以用户收到带有编号的植树证书及附有相关实际种植情况的数据信息为交易闭环。

从价值实现角度来看，在物理世界中，企业通过捐赠参与到自然资本的生产，自然资本在特定地区发挥价值，用于改善当地的生态并产生经济效益；在数字世界中，用户通过减排行为购买虚拟的自然资本，并通过数字树的形式积累到个人碳账户。此外，通过富含趣味性的游戏设计和知识引导，又可以传播环保知识，增强社会整体的环保意识。不难看出，“蚂蚁森林”模式不单是物理世界中自然资本价值实现的数字化呈现，还拓展出公益价值、宣传价值、品牌价值等更为丰富的自然资本价值内涵（张璐 & 王浩名，2023）。

2025 年 4 月 22 日“世界地球日”，蚂蚁森林在河北省丰宁县小坝子乡举行“2025 春种活动”，现场种下了该公益项目启动 9 年来的第 6 亿棵树。据统计，蚂蚁集团通过“蚂蚁森林”项目已累计协议捐资 40 多亿元，由公益组织和专业机构实施植树造林，支持 13 个地区的荒漠化治理和生态修复，九成以上分布在“三北”工程三大标志性战役地区，超过 7 亿人通过蚂蚁森林践行低碳生活，累计产生“绿色能量”3 768 万 t。

（来源：蚂蚁集团）

5.5　经验启示

上述实践表明，多元参与是自然资本价值实现高效运行的动力来源。从各国实践来看，自然资本价值实现是一项理论性强、政策性强、实践性强的系统工程，需遵循“政府主导—社会各界参与—市场化运作”的运行体系。政府在价值实现机制中发挥着主导和引导作用，主要作用于生态建设资金安排、转移支付和生态补偿，同时发挥着自然资本交易机制的制定、政策设计、相关制度安排以及市场监督等作用。市场则是在优化环境资源配置中发挥决定性作用，通过产业化经营、权益交易和创新绿色金融产品等方式实现自然资本价值。此外，企业拥有强大的资源调配能力和创新动力，社会公众是自然资本的直接受益者和间接影响者，其广泛参与能够引发深刻的意识变革和行为转变。

第 6 章

提升价值：建立健全自然资本管理

自然资本的有效管理是促进自然生态系统保护与修复、实现自然资源可持续利用以及社会经济高质量发展的重要保障。随着国际社会对自然资本的关注度不断提高，自然资本管理从传统聚焦于自然资源和生态系统本身的管理模式，向涵盖资产确权登记、价值核算、市场交易机制构建以及绿色金融工具运用等多方面的综合化、体系化管理模式转变。不同类型的自然资本管理体制与典型国家的实践模式，有效促进了自然资本价值提升，同时为自然资本管理制度优化完善提供了经验借鉴。

6.1 自然资本管理体制

自然资源种类、价值、用途等方面的差异决定了自然资本管理过程的复杂性。有效的自然资本管理体制能够确保资源的可持续利用、生态系统的平衡稳定以及社会经济可持续发展。在全球生态环境问题日益严峻的当下，深入研究自然资本管理体制的分类、特点与优劣势，具有极为紧迫且重要的现实意义。当前，从管理主体视角，基本可以分为国家集中管理体制、公众参与管理体制以及社区参与管理体制（刘伯恩，2017）。当然，没有一种普适性的管理体制能够解决所有国家或地区的自然资源管理问题，在不同体制下的制度选择和安排也需要具有差异性、灵活性和动态适应性（宋马林等，2022）。

6.1.1 国家集中管理

国家集中管理体制是指政府部门制定统一的规划、政策和法规，对自然资本的开发、利用和保护进行全面的管理和监督，具有权威性、强制性和集中性。这种管理可有效克服外部性与“搭便车”等问题，避免资源的过度开发与浪费。国家集中管理体制需要政府有强大的统筹组织能力和相对完善健全的配套法律作为基础保障，目前多被一些资源大国作为主要的管理模式而使用，如中国、美国、俄罗斯。其优势在于，从国家整体利益出发，进行宏观规划与调控，保障自然资本利用符合长远发展战略。然而，此种管理体制也有一定的弊端。例如，在集中管理体制下，可能出现由于过长的管理链条而导致的信息不对称问题，或者政府管理能力欠缺、权责交叉等问题而造成资本的不合理开发和利用。

6.1.2 公众参与管理

公众参与管理体制建立在自然资源产权完全私有或部分私有的基础

上，指依靠市场机制，如价格、供求、竞争等因素，引导自然资本的配置和利用，强调效率和经济效益，具有灵活性、主动性和创新性。在全球经济持续演进的进程中，资源短缺问题越发显著，这种模式通过市场机制推动资源向价值创造能力更强的主体流动。与此同时，技术创新的突破形成协同效应，使得市场参与管理实施具备了现实可行性。公众参与管理的优势是通过价格信号和竞争，实现自然资本的高效配置，提高利用效率；激励企业和投资者创新技术，吸引私人资本投入，减轻政府财政负担。目前，公众参与管理体制多应用在发达国家的自然资源管理实践中，其以健全的制度为核心，充分发挥了非政府行为主体的参与管理意识。虽然公众参与管理体制规避了集中管理体制带来的部分弊端，但是自然资本外部性问题难以解决，同时自然资本私有化后将会加剧不同阶层的财富差距。

6.1.3 社区参与管理

社区参与管理体制可以看作上述两种管理体制的综合，强调社区居民的参与和合作，充分利用当地居民的知识和经验，注重保护与当地文化的结合，具有本土性和合作性。目前，英国、加拿大、日本等国家实行的自然资本管理体制类似于社区参与管理，其将大多数管理决策权和对重要资源的控制权转移至更小的主体——社区。社区参与能够增强居民对自然资本保护的责任感和归属感，形成自我约束、自我管理的良好氛围；通过开展生态旅游、特色农产品种植等活动，实现生态保护与经济发展的良性互动，促进自然资本的可持续利用。其劣势是社区的资源和能力有限，在应对大规模的自然资本保护和开发项目时，可能缺乏足够的资金、技术和专业人才支持。同时，可能存在管理范围狭窄、管理标准不一致的问题，难以与国家或地区层面的自然资本管理政策有效衔接。

6.2 典型国家自然资本管理实践

自然资本管理成为各国保障生态安全、推动经济绿色转型的关键环节。不同国家基于自身国情与发展理念，构建起各具特色的自然资本管理体系（乔瑞等，2023）。

6.2.1 英国——自然资本管理的先行者

（1）管理架构

英国参与自然资本管理的部门和机构众多，包括部级部门、非部级部门和独立公共机构等。部级部门会与其他部门和机构合作，共同推动政策的制定和执行。英国环境、食品和乡村事务部作为自然资本相关工作主要牵头的部级部门，涉及自然资本治理多方面工作的统筹和协调，包括出台环境政策、提供指南和工具、支持建立国家自然资本账户以及自然资本市场等；与此同时，英国财政部则主要负责将自然资本纳入公共政策制定流程和金融体系。非部级部门主要履行监管职责，如林业委员会、水务监管局分别负责林业资源和水资源的可持续管理和监督。独立的公共机构则起到支持政府部门工作的作用，环境署、英格兰自然署、海洋管理组织等机构支持并配合英国环境、食品和乡村事务部在自然资本治理方面的主要工作。英国国家统计局作为独立的公共机构支持国家自然资本账户的开发、管理和维护，以及各方对数据的理解和使用（北京绿研公益发展中心，2024）。

（2）管理特点

英国的自然资本管理架构相对简洁且权力相对分散，英国环境、食品和乡村事务部作为主要负责部门释放政策信号，但其权力管辖范围仅限于英格兰。苏格兰、威尔士和北爱尔兰则具备各自区域内与环境、食品和乡村等相关领域政策制定和执行的权力。英国环境、食品和乡村事务部在政策制定与核算方面与多个下属部门以及公共机构开展纵向合作，也与英国财政部等部门开展横向合作，共同制定自然资本投资相关战略，协力推进治理进程。此外，英国的自然资本治理结构相对多元，鼓励社会组织、地方社区、私营部门等非政府部门参与到治理中，为自然资本治理工作建言献策并进行监督、提供反馈。同时，英国还设立了相对独立的第三方机构，对自然资本的治理工作进行监督和反馈（北京绿研公益发展中心，2024）。

（3）管理效果

英国与自然资本相关的法律、法规和政策发展相对完善，近年来出台了环境法案，不仅为公共政策制定环境原则，也通过生物多样性净增长的法律规定，促使土地利用和规划部门将自然资本纳入其工作中，并且为自然市场创造需求，推动环境治理的法治化（北京绿研公益发展中心，2024）。同时，技术标准相对完善，初步建立了国家层面自然资本和生态系统等多种账户并发布核算标准；还将环境经济价值的多种评估方法融入公共政策制定和公共支出使用流程，并制定相应指南和工具，引导所有政府部门在进行成本效益分析时考虑自然的价值。出台了绿色金融战略以及自然市场框架，积极引导投资活动的绿色转型，并使金融决策将气候变化和自然因素考虑在内。

6.2.2　美国——完善的自然资源交易市场

（1）管理架构

美国以自然资源为核心进行管理，自然资源管理职责主要集中于该国内政部，内设 8 个机构对不同类别的自然资源进行专业管理，各机构在对各领域自然资源进行专业管理的基础上又相互配合。同时，单独设立了自然资源收益办公室，对自然资源管理过程中得到的收益进行专门性收纳和管理。各机构在管理过程中实时监控自然资源的价值和实物发展，在保证资源可持续的基础上发挥各类资源的经济价值。

（2）管理特点

美国建立了清晰的自然资源产权体系和健全的自然资源有偿使用制度，规定了有关自然资源产权的交易必须按照相关法律规定或通过有偿付费规则实施，充分利用自然资源多种用途和持续性收益，促进自然资本价值实现。例如，美国土地主要为私有制，实行公私兼有的多元化管理，任何人开采或使用联邦土地上的矿产资源时，都不允许私自进行，应该先向内政部下设的土地管理局申请租地或缴纳租金和相应费用等。国家对私人所有的自然资源不能加以干涉和禁止，但任何人对非私有的自然资源进行开发或使用时，都必须向机构有偿付费或通过相关程序获得相应的使用权或所有权（乔瑞等，2023）。

（3）管理效果

美国拥有多元的自然资源所有权主体和发达的社会经济环境，这些条件促使美国形成了完备的自然资源交易市场，促进了各类自然资源的合理开发与利用，最大限度地发挥了其价值。在资源管理实践过程中美国完备的自然资源市场、完善的产权交易市场又反过来促使美国形成了完善的自然资源价值体系。在美国，任何有关自然资源产权的交易都需要获得相关许可证，各类自然资源由专门机构进行管理与交易，使自然资源整体协调发展，不断推动价值实现。

6.2.3 加拿大——注重自然资源协调机构的建立

（1）管理架构

加拿大自然资源管理体制改革的时间较早，自然资源管理逐渐由分散转为统一综合管理，并在具体实施过程中建立各类资源的专门管理机构。加拿大自然资源丰富，根据自然资源的具体发展状况和实践经验，分别设立了自然资源部和环境部。其中，自然资源部在坚持可持续利用的基础上对自然资源的开发利用与保护等工作进行管理；环境部则对自然资源管理过程中的可持续利用做出具体要求，在资源开发利用的基础上保证其自然资源环境的绿色可持续发展。自然资源部和环境部各自承担不同的管理职能和任务，二者均以促进资源环境的可持续发展为主要目标，职能相互交叉、互为补充，在分类管理的基础上进行综合管理。

（2）管理特点

加拿大自然资源管理部门下设综合协调机构进行辅助管理。各级管理机构一方面对不同类别自然资源实行专门化管理，另一方面注重各组织间的联动协调作用，如在自然资源部下专门设立海洋事务委员会、土地利用委员会等协调机构进行辅助决策。加拿大的自然资源协调机构一部分是由国家政府部门人员组成，代表国家行使权力；另一部分则是由政府部门和相关产业部门人员共同组成，对自然资源事务进行统一交流合作，政府人员和专业人员能够根据具体的资源利用情况做好资源有效配置（乔瑞等，2023）。

（3）管理效果

加拿大各自然资源机构对不同资源进行开发利用，资源协调机构对管理过程进行统一协调与监管，能够实现资源的有效配置，促使自然资源由分散管理向统一管理过渡。自然资源部下设机构对不同类别自然资源进行专门化管理，在一定程度上提升了各类自然资源的开发利用水平和价值实现程度，提高了对各类资源的管理效率。各部门不仅能够对所属领域自然资源进行管理，而且对相关自然资源起到一定的监管作用，避免了自然资源管理上的条块分割现象，促进自然资源的可持续发展与利用。

6.2.4 中国——面向生态文明的协同推进机制

（1）管理架构

中国的自然资本管理架构相对完善，从“生态产品”和“自然资源资产”

两个方面进行顶层设计。国家发展改革委负责健全生态产品价值实现机制，出台技术规范，推动各地各部门开展生态产品价值核算和探索。财政和金融部门则负责生态建设的资金支持、生态补偿以及鼓励和引导金融机构制定生态产品价值实现措施等方面工作。自然资源部负责自然资源的调查监测、确权登记、开发利用等管理工作。生态环境部通过推动生态产品价值实现、开展生态监测评估、完善相关制度体系以及加强生态保护修复监管等举措，在自然资本的保值增值、合理利用和有效保护方面发挥关键作用。

（2）管理特点

①以习近平生态文明思想为遵循。习近平生态文明思想，作为习近平新时代中国特色社会主义思想的重要组成部分，以其深邃的理论内涵与宏大的实践视野，为中国的自然资本管理提供了极为坚实的理论指引与切实可行的行动指南。习近平生态文明思想主要体现在八个方面：一是“生态兴则文明兴”的历史观，二是“人与自然和谐共生”的自然观，三是“绿水青山就是金山银山”的发展观，四是“良好生态环境是最普惠的民生福祉”的民生观，五是“山水林田湖草沙是生命共同体”的系统观，六是“用最严格制度最严密法治保护生态环境”的法治观，七是“建设美丽中国全民行动”的共治观，八是“共谋全球生态文明建设”的全球观。这八个方面的重要论述具有很强的指导性和操作性，为探寻发展与保护协同共进的崭新路径奠定了理论基石。

②强化战略引领和顶层设计。中国在推进绿水青山向金山银山转化过程中，将顶层设计和实践探索有机结合，为今后一个时期自然资本管理明确了方向。2015 年 9 月，《生态文明体制改革总体方案》树立了“自然价值和自然资本的理念”，提出了“保护自然就是增值自然价值和自然资本的过程，就是保护和发展生产力，就应得到合理回报和经济补偿”。2017 年 10 月，中共中央、国务院印发的《关于完善主体功能区战略和制度的若干意见》中，首次提出“要建立健全生态产品价值实现机制，挖掘生态产

品市场价值”“科学评估生态产品价值，培育生态产品交易市场”，首次对生态产品价值的实现工作提出了具体要求，标志着中国开始探索将生态产品价值理念付诸实际行动。2019 年，中共中央办公厅、国务院办公厅印发《关于统筹推进自然资源资产产权制度改革的指导意见》，提出“研究建立自然资源资产核算评价制度，开展实物量统计，探索价值量核算，编制自然资源资产负债表”。2021 年 4 月，中共中央办公厅、国务院办公厅印发《关于建立健全生态产品价值实现机制的意见》，是中国首个将“绿水青山就是金山银山”理念落实到制度安排和实践操作层面的纲领性文件。2024 年 7 月，自然资源部印发《关于全面开展全民所有自然资源资产清查工作的通知》（自然资发〔2024〕127 号），提出到 2026 年 6 月，针对全民所有土地、矿产、森林、草原、湿地、水、海洋 7 类自然资源，融合自然资源调查监测、确权登记、分等定级、基准地价等成果，查清全民所有自然资源资产实物量，核算价值量，摸清资产底数。

③以法制与政策为保障。《中华人民共和国环境保护法》《中华人民共和国野生动物保护法》《中华人民共和国海洋环境保护法》《中华人民共和国生物安全法》《中华人民共和国长江保护法》《中华人民共和国黄河保护法》《中华人民共和国青藏高原生态保护法》《生态保护补偿条例》等多部相关法律、法规陆续颁布和修订，为中国自然资本的保护和价值实现提供了法律依据。自然资本相关政策涵盖基础信息调查监测、价值核算、保护监督以及开发和补偿，并且已经纳入多个部门的重点工作。

④以试点示范为引领。在顶层设计指引下，中国依托生态文明示范区建设、美丽中国先行区建设、“绿水青山就是金山银山”实践创新基地建设、自然资源资产负债表编制试点、生态产品价值实现机制试点，形成一批可复制、可推广的模式和方法，为全国范围内自然资本价值实现积累了有益实践经验。

⑤以清晰的产权设置为支撑。中国自然资源所有权主要分为国家所有和集体所有，使用权可以通过出让、划拨、承包、租赁等多种方式取得。中国逐步建立了自然资源资产有偿使用制度，在促进自然资源保护和合理利用、维护所有者权益方面发挥了积极作用。自然资源部负责自然资源确权登记，自然资源资产划拨、出让、租赁、作价出资和土地储备等管理。中国清晰产权的设置，既有利于保障国家对自然资源的宏观调控和合理利用，维护国家和集体的利益，又能充分调动单位和个人合理开发利用自然资源的积极性，同时通过严格的监管确保自然资源的可持续利用和生态环境的保护。

（3）管理效果

目前，中国在政策和法律法规方面已经形成了以“生态产品”为主导、“自然资源资产”为基础的格局。生态产品领域主要包括生态产品价值核算和生态产品价值实现；自然资源资产领域主要包括编制自然资源资产负债表并开始应用。在技术标准和工具方面，近年来，中国在生态产品价值核算领域开展了大量的GEP核算工作，国家层面和许多地方都制定了相应的技术规范。例如，《森林生态系统服务功能评估规范》（GB/T 38582—2020）、《海洋生态资本评估技术导则》（GB/T 28058—2011）、《生态系统评估　生态系统服务评估方法》（GB/T 43678—2024）、《生态系统评估 陆地生态资产核算技术指南》（GB/T 43677—2024）等国家标准规范。在自然资源资产负债表编制方面，浙江、海南、河南等省开展了自然资源资产负债表编制的试点工作并有序推进。在核算应用方面，已开启多种尝试，包括纳入政绩考核、纳入官员离任审计、辅助投资决策以及推动投资自然、服务绿色金融、用于生态补偿等。在市场体系建设上，在2021年启动上线全国碳排放权交易市场，不断探索与国际碳市场的互联互通。

6.3 经验启示

上述实践表明，推动自然资本管理体系改革是自然资本价值实现的必然要求。各国在推动自然资本价值实现过程中围绕监测评估、产权归属、市场交易、财政支持、监督管理等制定了一系列制度。有效的自然资本管理体系能够实现对各类自然资本的全面清查和评估，明确自然资本的产权归属和利益相关方的权责，使资源的使用和保护有章可循，并通过市场化运作实现自然资本的科学合理配置和收益增值，促进自然资本保护与价值实现之间的“双向奔赴”。

下篇：探索与创新

第 7 章

时代背景：自然资本价值实现的机遇与挑战

工业革命以来，科学技术的进步极大地提升了人类改造自然的能力，我们以前所未有的速度对自然资源进行攫取和掠夺，人与自然深层次矛盾日益显现。地球是全人类赖以生存的唯一家园，如何统筹处理好发展与保护之间的关系，是一个世界性难题，也是人类社会发展面临的永恒课题。自然资本价值实现为经济发展和生态环境保护协同共进提供了崭新路径。深入剖析新时代背景下自然资本价值实现面临的机遇与挑战，精准把握新时代发展脉搏，是推动自然资本高质量"变现"、促进人与自然和谐共生的关键所在。

7.1 自然资本价值实现：时代发展的迫切召唤

7.1.1 发展之需——自然资本价值实现是可持续发展的新选择

工业革命以来，人口增长和经济发展极大地改变了土地、气候、生物完整性等决定世界基本属性的各个要素，在显著丰富了人类的物质文化生活的同时，也深刻地伤害了地球上的自然环境和生态系统。以往局部性、单一性的环境问题逐渐向全球性、复合性的社会—经济—环境问题转变，极端气候引发的自然灾害、环境污染、资源短缺、生态破坏等问题在全球范围内频发，严重威胁生态平衡和人类福祉。越来越多的国家和地区开始意识到经济发展不应以牺牲自然环境为代价，应寻求经济增长与自然保护的“双赢”。自 1987 年提出可持续发展理念，2015 年联合国通过《2030 年可持续发展议程》，到 2024 年联合国通过《未来契约》，可持续发展已成为全世界共同追求的目标和指引全球长期发展的基本准则，也是确保地球的长期繁荣与人类的福祉得以延续的根基。自然资本与人造资本、社会资本和人力资本一样，是可持续发展和经济增长的基础。自然资本价值实现是人类共同应对全球生态危机进程中的必然要求，为开启人类高质量发展新征程、实现人类永续发展提供了新选择。

7.1.2 民心所向——人们对优质生态环境的需求日益增加

良好的生态环境是最公平的公共产品，是最普惠的民生福祉。金山银山固然重要，但绿水青山同样是人民幸福生活的重要内容。生态环境质量影响民生质量，人民群众共享自然之美、生命之美、生活之美，是金钱不能替代的。随着社会物质水平的极大提高，人们对优质生态环境的渴望越发强烈，青山常在、绿水长流、空气常新是人们内心深处对美好生态环境的殷切期盼。推动自然资本价值的实现，既能提供更多优质生态产品满足人民日益增长的优美生态环境需要，又为那些具备丰富自然生态系统、生态优势明显的国家与地区带来了前所未有的发展契机。

7.1.3 投资自然——引导多元资金支持自然资本增值

生态环境保护修复是复杂的系统工程，需要大量资金持续性投入。当前公共部门是生态环境保护和修复的最主要投资者。据统计，世界各国政府、多边开发银行等公共机构每年投资规模达到 1650 亿美元，约占生态环境治理总投资的 82%（World Economic Forum，2024），但仍存在较大资金缺口。例如，《生物多样性公约》第十五次缔约方大会（CBD COP15）第一阶段会议指出，目前全球每年生物多样性融资约 1 430 亿美元，仅占全球 GDP 的 1.2%，预计到 2030 年，每年支持保护生物多样性的资金需求将达到 7 000 亿～ 10 000 亿美元，资金缺口高达 80% ～ 90%（中国金融学会绿色金融专业委员会，2023）。在现阶段世界经济复苏乏力、各国财政普遍紧张的现实条件下，单靠财政资金驱动的方法无法实现全球“自然受益”（Nature Positive）目标，亟须动员社会资金和多种金融工具来增加自然资本的资金投入。绿色金融作为连接经济发展与自然保护的重要桥梁，能够“撬动”更多社会资金投入，已经成为推动自然资本价值实现的重要手段。发挥绿色金融牵引作用，探索开发支持自然资本价值实现的金融工具，引导多元资本投资自然，弥补自然资本发展的资金缺口，实现自然资本“优存量”“扩增量”。

7.1.4 数智技术——推动自然资本价值实现的重要工具

数智技术是数字化和智能化的有机融合，可以理解为“数字化 + 智能化”，是在数字化基础上融合应用机器学习、人工智能等智能技术的过程，数据、算力、算法是数智时代的三大核心要素。在全球数智化浪潮与绿色发展理念的双重驱动下，自然资本价值的实现途径正经历着前所未有的变革。数智技术的广泛应用不仅可以对自然资本价值实现各个环节进行数智化改造，还为绿色金融的创新与发展注入了新的活力，极大提高了“绿水青山”与“金山银山”双向转化效率。数智技术赋能自然资本价值实现，利用其高创新性、强渗透性和广覆盖性等特征，与自然资本、社会资本、人造资本等要素深度融合，实现自然资本价值实现过程中各类要素的便捷流动、精准匹配、紧密协作和高效利用，不仅促进自然资本价值实现的管理组织优化和效率提升，还可能突破过往局限，形成新模式、新业态，赋予自然资本价值实现全新动能。

7.2 自然资本价值实现的困境：内生动力不足

全球自然资本价值实现面临诸多挑战，其中最直接、最根本的原因就是保护自然缺乏内生动力。这涉及经济学中一个很重要的概念——集体行动难题。因为自然是一种准公共产品或公共产品，对于国家来说，全球自然生态环境一旦取得好的效果，所有国家都会理所当然地享受其好处；但由于这个好处是由所有国家分享的，实现这一目标又要付出成本，每一个国家都想“搭便车”，却不想让别的国家搭自己的“便车”，所以就出现了集体行动难题。对于个人而言，清新的空气、洁净的水源、宜人的气候等带来的好处是由人类共享的，这种明显的“正外部性”，当然也不愿意为其付费。资本具有天然的逐利性，这决定了其更愿意在投资回报快、直接收益高的经济开发活动中投入和扩张，而不愿意在成本高、投入大、周期长、见效慢、直接产出低的自然生态保护中投入。正因如此，也造成了自然资本价值实现过程中存在的价值认知不充分、利益主体不协同、交易体系不健全、资金筹措渠道不畅通等问题，导致资源价值显化不足、转化渠道梗阻，绿水青山难以变成金山银山，保护者无法获得合理收益，自然资本价值实现缺乏内生动力（图 7.1）。

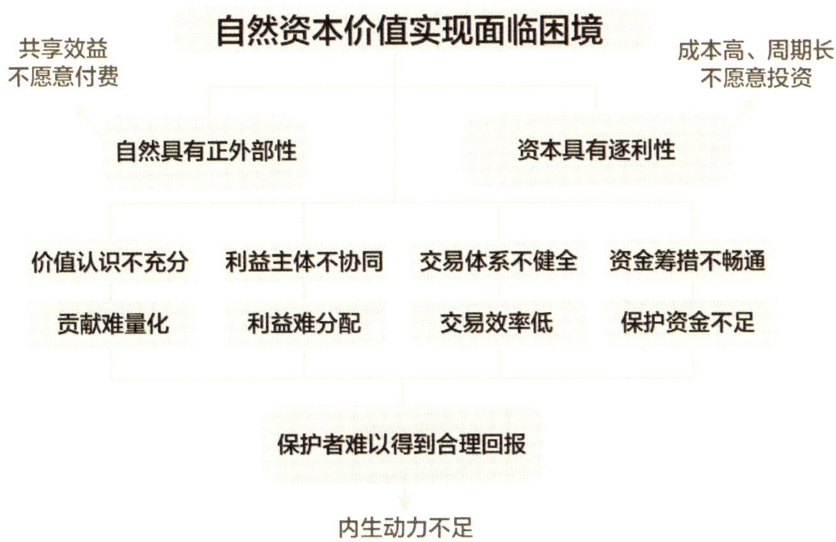

图 7.1　自然资本价值实现面临的困境

7.2.1　价值认知不充分

自然资本包括自然资源与生态系统服务。当前，社会公众对自然资本的价值和重要性认识不够，往往只关注自然资源的直接经济价值，而忽视了生态系统服务（如生物多样性维持、气候调节）所提供的价值，加之对自然保护者付出的认识也不足，使得“保护者受益”机制难以获得社会广泛认可和支持。同时，公共性自然资本还存在边界不明、所有者缺位或遗漏等问题，导致有什么、有多少、由谁提供等权责归属信息不清楚、不明确（孙博文，2023）。此外，由于基础数据获取困难，又缺乏统一、具有可比性、权威的自然资本监测及价值核算标准和方法，不同地区、不同机构核算结果差异较大，难以准确衡量自然资本的真实价值，使得保护者的贡献难以精准量化和比较，影响了对保护者的合理补偿。

7.2.2　利益主体不协同

自然资本价值实现包含生态系统保护修复与监管以及生态产品生产、经营、消费等多个环节，价值实现和转化过程中涉及不同主体的利益关系和诉求（图 7.2）。

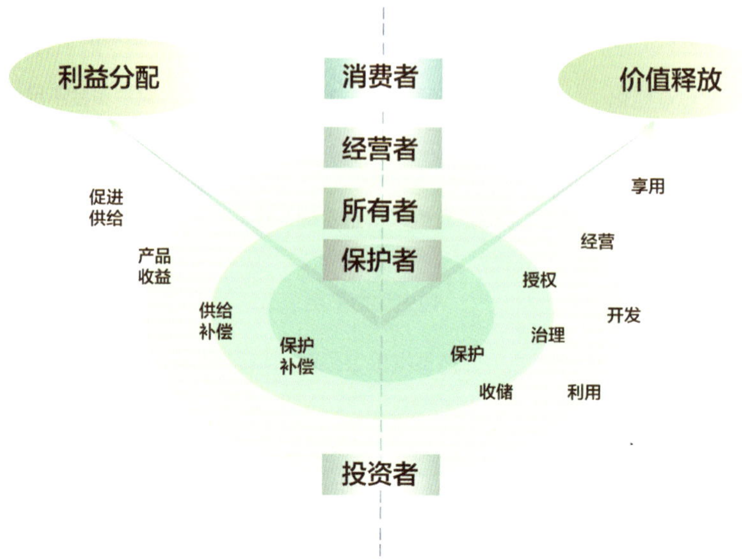

图 7.2　自然资本价值释放与利益相关主体

（1）涉及的主体

涉及的主体包括：①自然资源和生态系统的保护者；②自然资本的所有者；③自然资本正外部性的受益者；④从事自然资本开发、生产、运营的经营者；⑤为自然资本保护项目提供资金支持，期望获得经济回报的投资者；⑥愿意购买和使用自然资本的消费者；⑦负责监督自然资本相关活动的合规性，促使各主体履行责任的监管者。

（2）对应各主体主要利益诉求

各主体主要利益诉求包括：①保护者为自然资本保护付出诸多，希望得到公平合理的经济补偿或政策优惠，以弥补利益损失；②所有者希望明晰自然资本的权属界定和收益分配，且通过可持续管理实现资源价值提升；③受益者希望持续获得良好的生态环境，提高生活品质；④经营者希望利用自然资本开展经营活动并通过高效运营获取丰厚的经济回报；⑤投资者希望投资的风险可控且能够获得可观回报；⑥消费者希望支付的费用能够物有所值；⑦监管者希望自然资本保护和利用的相关法律法规、政策标准得到切实遵守与严格执行。

上述状况使得自然资本价值实现过程中利益相关主体关系非常复杂，不仅涉及主体多、利益诉求不同，而且不同主体之间存在相互转换。如果缺少有效的主体协同机制，可能导致价值释放不充分、利益分配不合理，无法形成推动自然资本价值实现的合力。

7.2.3 交易体系不健全

从产权层面来看，产权边界模糊、所有者缺位、产权界定不明晰，以及产权流转机制不够完善，致使自然资源流转遭遇阻碍，难以实现优化配置，在交易环节极易引发产权纠纷。在市场定价方面，自然资本价值难以精准估量，缺乏科学定价机制，导致其价格无法如实反映市场供求关系与自然资本的稀缺程度。在市场交易方面，交易市场培育与平台建设尚处于起步阶段，供给方与需求方信息不透明、不对称问题突出，交易规则不明晰，导致市场流动性欠佳，交易主体不活跃，保护者难以借助市场交易将所保护的自然资本转化为经济收益。

7.2.4 资金渠道不畅通

自然资本的保护和开发通常需要大量的资金投入。当前，自然资本的投入主要依赖于政府主导下的生态补偿路径，但受补偿资金规模限制、补偿标准偏低、补偿范围有限、补偿方式单一等问题，保护者的合理收益难以满足。

同时，自然资本的外部性明显，其价值实现的市场化运作难度大、市场化程度不高。目前仅有排污权、碳排放权、林权、水权等少数热门生态环境权益能进入市场被买卖，而气候调节、水源涵养、生物多样性维持等生态系统服务以及因保护而失去公平的发展权等尚未形成可供交易的权益（杨艳等，2020）。此外，自然资本融资渠道有限，尽管金融机构已对自然资本项目展开投资探索，但受自然资本产权边界不清、估值与定价机制科学性不足等问题影响，市面仍缺乏专门适配的金融产品与服务，导致保护者难以获得必要的资金支持，限制了自然资本价值的实现。

第 8 章

路径重构：构建让保护者受益的自然资本价值实现新范式

让保护自然、投资自然获得合理的经济回报，是协调生态保护与经济发展的关键所在。构建一个以严格保护自然为前提，以保护者受益为核心，以数智技术与金融工具的创新为重要支撑，政府、企业和社会各界多元主体协同参与的自然资本价值实现新范式。这种新范式有助于打通自然资源—资产—资本—资金转化全过程，让“沉睡”的自然资本高效“变现”，激发自然保护的内生动力，形成主动保护自然、从保护中受益的良性循环，使保护自然真正成为一项“有利可图”的事业。

8.1 核心要义：让保护者“有利可图”

长期以来，由于自然资本价值未能得到充分、合理的认知与体现，人们片面地用“绿水青山”换取“金山银山”，导致生态危机日益严重、全球贫富差距不断加大。保护生态环境就是保护生产力，改善生态环境就是发展生产力，保护自然、投资自然是实现经济可持续发展、增进人类福祉的重要根基。自然资本的保护者是自然资本提质增值的关键主体，在自然资本价值实现全链条中承担重要作用，为保护自然资本投入大量的时间、精力和资金，甚至牺牲了经济发展的机会，却长期得不到相应的经济收益，自然保护的内生动力不足。为实现从“要我保护”到“我要保护”的根本性变革，吸引更多主体参与自然保护，关键是让保护者“有利可图”，使保护者的付出得到合理的回报（图 8.1）。

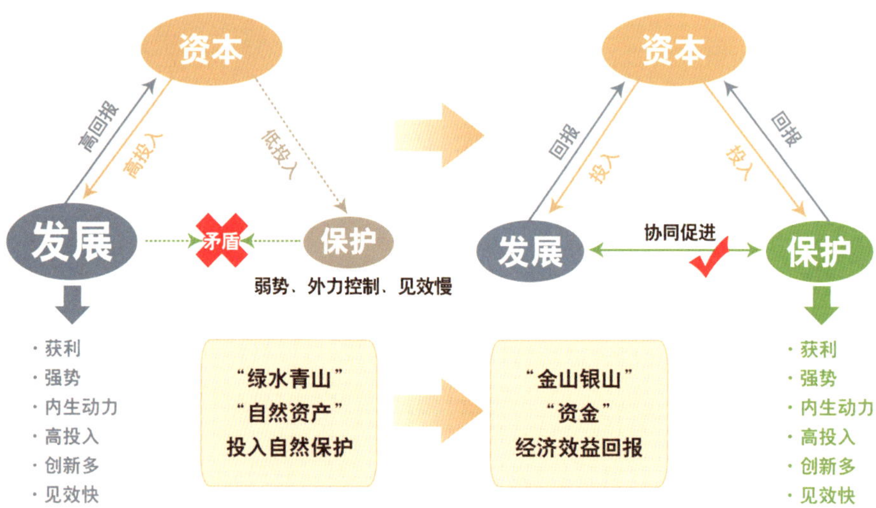

图 8.1　自然资本价值实现的关键是让保护者获利

（1）获取合理回报

事物发展变化是内因和外因共同作用的结果。从整体、全局和长时段来看，内因的作用才是根本性、第一位的，是持久的、强劲的、源源不断的。因此，从人性和经济学逻辑来看，保护者能从保护自然的过程中“有利可图”，便有主动、持续参与的强大动力。具体而言，保护者的努力和付出得到合理的回报，获取实际的经济利益，享有崇高的荣誉与尊重，就能激发保护生态环境的强大内生动力，激励更多的人主动参与到自然资本的保护中，形成良性循环，实现自然资本的可持续利用和管理，从而走出一条高水平保护与高质量发展相辅相成、相得益彰的新路径。如果没有合理回报，那么这些生态良好地区就难以彻底摒弃以牺牲生态环境换取经济增长的短视和愚蠢做法，经济发达地区也无法享受良好生态环境带来的惠益，生态环境保护面临的挑战和压力也将进一步加剧。

（2）平衡发展权益

在区域发展格局中，许多生态保护重点区域往往由于承担着生态保护的重任，在经济开发方面受到诸多限制，导致当地发展相对滞后，居民生活水平与其他地区存在差距。让保护者“有利可图”，能够有效平衡这些地区的生态保护责任与经济发展权益。例如，中国的三江源地区，作为重要的生态屏障，承担着涵养水源、维护生物多样性等重要生态功能，当地的发展受到严格的生态保护约束。为了化解这一矛盾，国家通过一系列的生态补偿政策，如加大财政转移支付力度、实施生态保护工程就业安置等，使当地居民在生态保护中获得了经济收益，改善了生活条件，同时为当地发展生态友好型产业提供了资金与政策支持，在一定程度上缩小了与其他地区的发展差距，实现了生态保护与区域协调发展的有机统一。

（3）优化资源配置

从社会资源配置的宏观视角来看，让保护者“有利可图”能够引导更多的社会资源向生态保护领域流动。当生态保护成为一种“有利可图”的事业时，不仅能够吸引民间资本投入生态修复、绿色产业发展等领域，还能够促使人才、技术等要素向生态保护相关产业集聚。例如，近年来，随着碳汇市场的逐步兴起，许多企业看到了其中的商机，纷纷投入资金与技术开展森林碳汇项目的开发与运营。这不仅推动了森林资源的保护与培育，增加了碳汇量，实现了生态效益，又带动了相关产业的发展，创造了就业机会，实现了经济效益与社会效益。这种资源的优化配置，有利于构建更加完善的生态经济体系，推动经济社会向绿色、可持续方向发展。

8.2 范式重塑：激发自然保护的内生动力

我们提出一个自然资本价值实现新范式（图 8.2），通过数字与金融赋能加速要素流通，补齐传统金融短板，实现自然资本的高效增值与价值转化；其以完整且环环相扣的流程，界定利益相关方权责关系，合理分配利益，激发自然保护的内生动力，为自然资本的可持续管理与利用提供了新的理论与实践路径。首先，对自然资源开展全面清查与精准评估，从中筛选出具有稀缺属性的自然资源，明确其产权归属，进而形成自然资产。其次，通过投入各类生产要素，将自然资产转化为具备增值潜力的自然资本。再次，通过自然资本的价值量化、数字化处理以及创新性金融机制设计等，打造以自然资本为底层资产的数字金融生态产品。又次，通过数智化的交易平台，促进供需双方精准匹配，将数字金融生态产品转化为货币。最后，部分货币收益又反哺于自然资本的保护与价值提升。

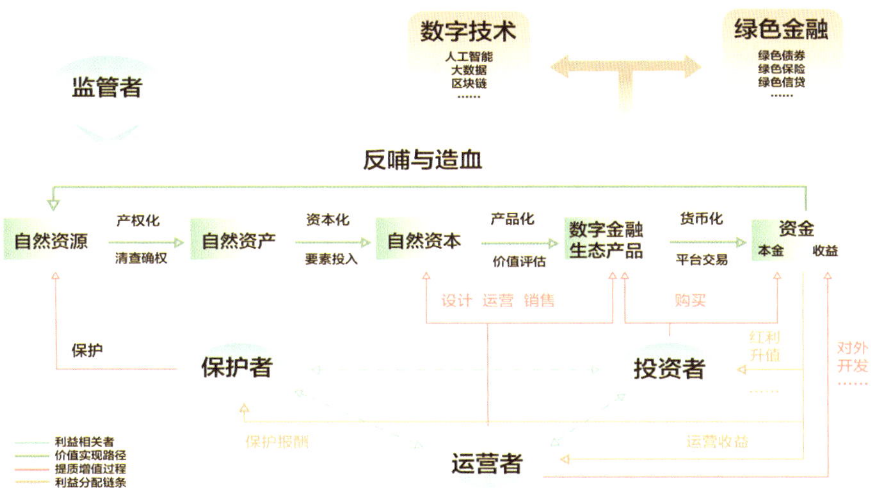

图 8.2 基于数智技术与绿色金融的自然资本价值实现新范式

8.2.1 总体结构

（1）利益相关方协同推动自然资本提质增值与价值实现

在自然资本价值实现过程中，涉及保护者、运营者、投资者、监管者等多方利益主体。保护者通过实施具体的保护措施来提升自然资本的数量与质量，为自然资本价值实现提供了基础。运营者则发挥着重要的桥梁与驱动作用，通过对自然资本的深度开发与金融生态产品的设计，提供了关键的转化路径与增值渠道。投资者通过买卖数字金融生态产品为自然资本保护修复、开发经营、管理等注入资金，实现价值变现。监管者负责监督自然资本价值实现全流程的合规性，维护自然资本的可持续发展与市场的公平、公正。

（2）推动集体受益，让自然保护成为“有利可图”的事业

各主体通过合理的利益分配机制紧密联结，在自然资本价值实现的链条上各司其职、相互协作、形成合力、互利共赢。运营者可通过产品发行、项目开发等获取收益，并将部分收益反哺保护者。投资者则可通过参与分红、市场交易等获得收益。实践中，相关主体可以身兼保护者、运营者、投资者等多重角色，深度参与到自然资本价值实现过程中，并获取多重收益，真正

激发保护生态环境的内生动力，实现从被动保护向主动保护的转变。

（3）“数字 + 金融”提升自然与资本的双向转化效率

基于“数字 + 金融”的自然资本价值实现新范式能够加速自然资本、人造资本、社会资本等的自由流通与有效配置，弥补了传统金融因信息不对称引发的市场失灵和资本流动不畅等问题，大大提高了金融服务的效率和可达性。一方面，充分应用数智技术，通过产权数字化、经营管理数智化、交易平台化等方式，对自然资本价值实现各个环节进行数智化改造升级；另一方面，通过发挥绿色金融资源配置、风险管理和市场定价功能，创新探索以自然资本为底层资产的数字金融生态产品，引导和激励资金流向自然资本保护。

值得注意的是，本书所构建的自然资本价值实现新范式不包括土地资本等涉及国家主权的资本。

8.2.2 模型框架

为了更好地说明这种范式理念，我们利用简化的数学模型进行阐述。

（1）自然资产形成阶段

在自然资产形成阶段，首先，需要对自然资源进行全面清查与精准评估。自然资源总量包括土地、水、矿产、森林等多种类型。设自然资源总量为 N，经过全面清查与精准评估，根据稀缺属性评估函数 $f(N)$ 筛选出具有稀缺属性的自然资源，其数量为 $S=f(N)$。该函数综合考虑了资源的储量、再生难度、生态重要性、经济价值以及社会需求等多个维度，结果表示为具有稀缺属性的自然资源数量。具体而言，$f(N)$ 可以表示为

$$f(N)=\sum_{i=1}^{m} W_i \cdot N_i$$

式中，N_i 为第 i 类自然资源的数量；W_i 为对应的权重系数，反映了该

类资源的稀缺性和重要性。权重系数可以通过专家打分法、层次分析法（AHP）或主成分分析法（PCA）等确定。

其次，明确产权归属是自然资产形成的关键步骤。产权界定包括所有权、使用权、收益权和处置权等。通过法律或合同形式明确产权后，自然资产 A 正式形成，此时 $A=S$，即自然资产等同于筛选出并明确产权的稀缺自然资源。

（2）自然资本形成阶段

在自然资本转化阶段，需要投入各类生产要素 $X=\{\chi_1,\chi_2,\ldots,\chi_n\}$，这些要素包括劳动力、技术、资金、数据等。每种要素投入量为 χ_i（$i=1,2,\ldots,n$）。通过生产函数 g（A,X）将自然资产 A 转化为自然资本 C，即 $C=g$（$A,\chi_1,\chi_2\ldots,\chi_n$）。生产函数 g 反映了自然资产与各生产要素之间的相互作用关系，以及这种作用如何产生具备增值潜力的自然资本。例如，可以采用柯布—道格拉斯生产函数①形式：

$$g(A,X)=A^{\alpha}\cdot\prod_{i=1}^{n}\chi_i\beta_i$$

式中，α 和 β_i 分别为自然资产和生产要素的弹性指数，反映了它们对自然资本形成的贡献程度。生产函数的具体形式取决于实际的生产转化机制，可以包括线性组合、交互项或非线性关系。

（3）数字金融生态产品设计阶段

在数字金融生态产品设计阶段，首先对自然资本 C 进行价值量化，得到自然资本的总价值 $V=v$（C）。价值评估函数 v（C）可以采用市场价值法、替代成本法或条件价值评估法（CVM）等方法确定。例如：

$$v(C)=p\cdot C+\sum_{j=1}^{k}q_j\cdot E_j$$

① 1928 年前后，美国数学家柯布（C.W.Cobb）和经济学家保罗·道格拉斯（Paul H.Douglas）共同探讨投入和产出的关系时创造的生产函数，首次系统提出并验证了这一函数形式。

式中，p 为自然资本的市场价格；E_j 为第 j 类生态服务功能；q_j 为对应的生态服务价格系数。

其次，通过数字化处理将自然资本转化为数字形式 $C_d=d(V)$。其中，$d(V)$ 表示数字化转化过程，可以包括区块链技术、物联网（IoT）传感器、遥感技术等，确保数据的透明性、可追溯性和不可篡改性。

最后，运用创新性金融机制设计，以自然资本 C_d 为底层资产打造生态产品 E。金融机制影响因子为 m 反映金融创新对自然资本转化为生态产品的促进作用，具体可以表示为

$$m = 1 + \sum_{l=1}^{r} \gamma_l \cdot FI_l$$

式中，FI_l 为第 l 种金融工具（如绿色债券、绿色信托、碳金融等）；γ_l 为对应的权重系数。

因此，数字金融生态产品的最终形式为：

$$E = m \cdot C_d$$

（4）数字金融生态产品交易阶段

数字金融生态产品在数字化交易平台上进行买卖。设数字金融生态产品的需求函数为 $D(p)=\alpha-bp$（α 表示市场对数字金融生态产品的最大潜在需求量，b 表示需求对价格的敏感程度，p 为数字金融生态产品价格），供给函数为 $S(p)=c+dp$（c 为生产者在最低价格下愿意提供的数字金融生态产品数量，d 为供给对价格的敏感程度）。

当市场达到均衡时[①]，$D(p)=S(p)$，即 $\alpha-bp=c+dp$，可解得均衡价格 $p^*=\frac{\alpha-c}{b+d}$，均衡交易量 $Q^*=D^*(p)=S^*(p)\frac{\alpha d+bc}{b+d}$。此时数

①供给与需求理论是经济学中的基石之一，由阿尔弗雷德·马歇尔提出。马歇尔在其名作《经济学原理》中详细阐述了需求与供给的理论，该理论描述了商品价格和数量的关系。简单来说，供给指的是市场上生产者愿意提供的商品数量，而需求则是市场上消费者愿意购买的商品数量。当供给和需求达到平衡时，市场上的价格也会达到一个稳定的水平。

字金融生态产品转化为资金，资金总量 $M= p^*Q^*$。

（5）收益分配阶段

在收益分配阶段，资金 M 按照一定比例分配给不同利益相关者。

①自然资本增值。设用于自然资源保护与价值提升的资金比例为 α（$0<\alpha<1$），则反哺资金 $M_1=\alpha M$ 。

②运营者收益。运营者通过深度开发自然资本和精心设计金融产品获取收益。设运营者收益与自然资本开发程度 k（$0<k<1$，反映运营者对自然资本的开发利用效率）以及数字金融生态产品交易情况相关，$M_0=kM$。

③投资者收益。投资者投入资金 I 参与自然资本相关环节。设投资收益分红比例为 β（$0<\beta<1$），市场交易价格升值收益为 $\Delta p \cdot Q_i$（Δp 为价格升值幅度，Q_i 为投资者交易的数字金融生态产品数量）。则投资者总收益 $M_I=\beta_I+\Delta p \cdot Q_i$。

④保护者收益。设保护者获取数字金融生态产品收益的比例为 γ（$0<\gamma<1$），且 $\alpha+\beta+\gamma<1$，保护者收益 $M_p=\gamma M$。

通过以上 5 个阶段的系统化运作，自然资本的价值得以充分实现，同时实现了经济效益、社会效益和生态效益的有机统一。

8.3 创新手段：数智技术与金融工具赋能全过程

数智技术与绿色金融，犹如两根紧密交织的纽带，从资源量化评估起步，至价值反哺落地，贯穿自然资本价值实现全过程（图 8.3）。二者协同发力，直击传统自然资本价值转化模式里的堵点，通过重塑资源配置模式、重构要素流通机制、强化自然资本价值的“显性化表达”等，构建起“生态投入—经济产出—价值反哺”的双向增值路径。数智技术敏锐洞察自然资本的潜藏价值，是价值发现的“精密显微镜”；绿色金融巧妙撬动资本活力，是价值增值的有力杠杆。数智技术与绿色金融双轮驱动，助力自然资本挣脱传统发展模式的锁定效应，显著提升自然资产向经济价值的转化效能，开辟出一条高效、可持续的发展新路径。

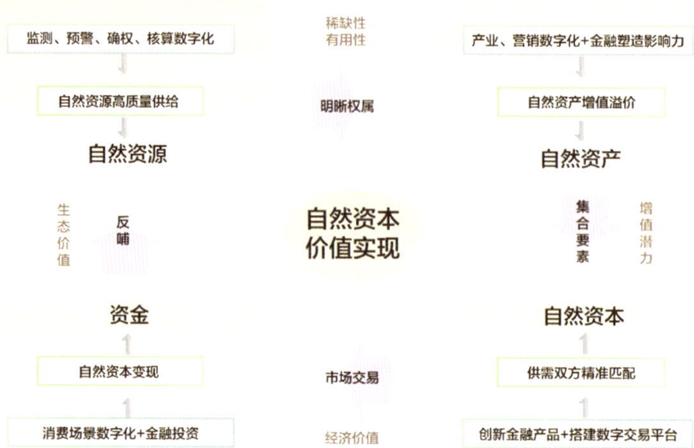

图 8.3　数智技术与绿色金融贯穿自然资本价值实现全过程

8.3.1　自然资源资产化：保障自然资本高质量供给与管理

自然资本的高质量供给与科学管理是自然资本价值得以有效实现的重要前提，其中涉及对自然资本进行调查监测、风险管理、登记确权、价值评估等多个环节。高质量供给意味着自然资本在数量、质量及生态服务功能等方面能够满足社会经济可持续发展的多元需求；科学管理则强调运用系统且高效的管理手段，确保自然资本的合理开发、保护与利用，进而为自然资本价值的充分释放与转化奠定坚实基础。当前，自然资源资产化面临着产权界定不明晰、价值核算难度大等问题。遥感、物联网、人工智能、大数据、区块链等数智技术在助力自然资源资产化进程中发挥着至关重要的作用，其通过监测预警、产权确定、价值核算等各个环节实施数字化改造与重塑，有力推动自然资本的高质量供给与管理。

遥感技术、在线监测以及物联网等数字技术，能够以高精度、全方位且实时动态的调查与监测方式，收集和整合各类数据源，获取自然资本面积、分布、生长状况等信息。大数据分析和人工智能技术可将上述收集到的海量自然资本数据作为模型输入，进而快速识别与评估自然资本所面临的风险，显著增强问题发现、风险预警、信息共享等方面的智能化预警与处置能力。借助数字技术和信息管理系统，能够建立起数字化的确权登记平台，将权利人、权利范围、有效期等分散化的自然资本权属信息进行统一登记，便于查询、管理与更新，极大提高了确权的效率与准确性。

此外，以采集的海量自然资源数据为基础，依托大数据挖掘与人工智能算法模型等，对自然资产的实物量和价值量进行自动化、批量化核算以及智能化校验，实现自然资本的精准核算与评估，为自然资源的合理开发、利用与管理提供科学依据和数据支撑。

案例一：澳大利亚海洋生态系统监测与预测

澳大利亚政府和相关研究机构通过整合卫星遥感、人工智能、物联网传感器网络等数字技术，建立了全球领先的海洋生态监测系统。

一是实现了珊瑚礁保护的突破。南澳大利亚大学等科研团队部署了高精度水质传感器网络，实时采集水温、盐度、叶绿素浓度等 12 项关键参数。结合开发的 AI 模型，融合了多模态数据处理能力，可同时分析水下视频、卫星图像和气象传感器数据，生成动态风险热力图。该系统实现了对珊瑚礁白化风险提前 6 个月预测，准确率达 83%。成功预警了 2024 年大堡礁南部海域的珊瑚白化事件，使保护区管理局提前启动遮阳网部署和游客限流措施，挽救约 15 km^2 珊瑚群落。数据显示，自2023年系统运行以来，大堡礁珊瑚覆盖率年下降幅度从6.7%收窄至2.3%。

二是渔业资源优化管理。一篇发表在学术期刊《自然—通讯》的论文表明，论文作者与澳大利亚联邦科学与工业研究组织利用数字技术开发了海洋管理工具，用于预测气候变化对海洋生态系统的影响，预警极端气候下的生态系统情况，降低对渔业的影响。这些工具可提前12个月做出可靠预报。例如，他们利用加利福尼亚州洋流生态系统已经在用的管理工具，基于温度异常做出的判断能发现鲸（如座头鲸）因水温较冷正被推向海岸，存在缠入捕蟹渔具的风险。这些工具还能明确刺网捕鱼应该何时停止，以避免捕到海龟。

三是建立国家海洋生态系统账户。2022年，澳大利亚首次发布国家海洋生态系统账户，由澳大利亚统计局与澳大利亚气候变化、能源、环境及水资源部合作，收集了该国红树林和海草（蓝碳生态系统）碳储存和沿海保护效益的信息。澳大利亚拥有全球约12%的蓝碳生态系统，其碳存储能力是雨林的5倍，据估计，2021年红树林和海草共吸收了1 400多万t碳。

案例二：中国抚州市“两山”转化智能综合服务平台

一“网”串起评估、收储、交易、政策推送、信用等环节，交易流转过程全部实现电子化留痕……近日入选首批数字中国建设典型案例的“抚州市‘两山’转化智能综合服务平台建设”项目，以数字技术赋能生态产品价值实现各环节，实现“两山”高效转化。实践证明，在生态文明建设中，必须用好数字技术，拓展应用场景，持续释放生态红利，厚植生态底色才有抓手。

江西省抚州市作为中国生态文明建设的重要实践地，在生态文明建设上取得了重大进展，但仍面临"信息孤岛"数据共享不畅、生态产品价值评估体系不健全及资源流转机制效率低下等挑战，制约了生态建设的高效推进、生态经济的潜力挖掘和资源转化。为破解难题，抚州市充分利用数字技术，搭建"两山"转化智能综合服务平台，通过加强数据资源共享，构建完善生态产品价值评估体系，优化资源流转机制，实现了"绿水青山"向"金山银山"的高效转化，打造了生态文明建设与经济社会可持续发展的"双赢"局面。

一是数据赋能，打造生态交易新格局。抚州市"两山"转化智能综合服务平台依托全市一体化大数据服务平台，深度整合跨层级、跨部门数据资源，打通了自然资源统一确权登记、企业注册、补贴保险、审批规划等 14 个数据源系统，归集山、水、林、田、湖、宅基地等 138 项数据集，共计 3 200 万余条数据，实现生态数据资源的高效管理与利用。

二是创新驱动，绘制生态价值精准图谱。平台以生态数据为基础，有效融合科学算法、GEP 精算模型与地方标准，精准评估生态资源状况，实现了生态价值从"模糊感知"到"精准量化"的跨越，为绿色金融服务和生态产品交易提供专业依据，促进生态效益与经济效益双丰收。

三是机制完善，加速生态产品市场化步伐。通过构建集申请登记、价值评估、收储运营、市场交易、金融服务、政策导航、信用评价于一体的全方位服务体系，简化交易流程，降低交易成本，进一步加快了生态产品交易市场化，增强绿色金融服务信心，撬动社会资本参与，全方位繁荣生态产品市场，为建设区域性生态产品交易中心奠定了良好的基础。

目前，抚州市“两山”转化智能综合服务平台登记注册企业2.79万家，自2023年7月上线以来，已累计成交面积超过83万亩农用地与林地，金额达14.57亿元。同时，平台吸引34家金融机构入驻，上架金融服务产品314项，实际累计发放各项贷款960.71亿元，成为推动地方经济绿色转型、高质量发展的强劲引擎。

[来源：数字中国建设典型案例（第一批）]

8.3.2 自然资产资本化：促进自然资本增值

自然资本增值是推动自然资本价值实现的关键环节。自然资本增值，不仅体现为自然资源数量的合理增长、质量的稳步提升，还涵盖生态系统服务功能的持续优化。借助数智技术、金融资本等投入运作，促进自然资本在经济、社会与生态等多维度的充分释放与有效转化。

（1）以自然资本为底层资产的RWA模式

真实世界资产（Real World Asset，RWA）的通证化是近年来区块链领域最具前景的战略发展方向。该模式是指将现实世界中各类有形或无形的资产（如房地产、股票、债券、大宗商品等），通过区块链技术将其转化为数字通证，实现资产分割、公开账本、自由流通及自动化管理。这些通证在区块链上代表了相应真实资产的所有权或权益，实现了资产的数字化映射。其核心在于利用区块链的分布式账本、智能合约等特性，让资产的交易、管理更加透明、高效、可追溯，降低了传统资产运作中的中间成本，提升了资产的流动性和可及性。根据RWA数据平台RWA.xyz的统计，截至2024年12月，全球链上RWA资产总价值突破150亿美元，代币化资产涵盖美国国债、房地产、私募股权、商品等多种类别。

RWA 项目与传统的加密项目有所不同，其背后都有真实的底层资产作支撑。底层资产的形式丰富多样，但理想的底层资产通常需要符合以下特点：一是具备稳定性，价值波动相对较小；二是要有明确的产权归属，便于在通证化过程中准确映射所有权；三是应具备一定的市场规模与流动性，使通证在交易时有足够的活跃度和承接力。基于良好生态环境形成的自然资本是现实世界中最有价值的资产，也堪称最合适的底层资产之一。它具有天然的稳定性，其蕴含的价值也较为稳固。随着全球对气候变化应对、生物多样性保护等议题的日益关注，自然资本相关的市场交易越发活跃，展现出巨大的市场潜力。

目前，国内外已有诸多机构和组织积极拓展 RWA 模式的应用场景，但其在自然资本领域的应用仍然较少。例如，香港金融管理局联合蚂蚁集团，推出了针对新能源实体资产的 RWA 项目，在亚洲资本市场进行了有益的尝试。未来，自然资本在 RWA 通证中必将扮演更加重要的角色。

（2）影响力投资模式

影响力投资是指通过对公司、组织和基金的投资，在获得财务回报的同时，对社会、经济和环境产生可以衡量的积极影响力。目前，影响力投资已成为主流投资的一部分。2020 年 6 月数据显示，全球影响力投资市场规模已经达到 7 150 亿美元（https://www.ciin.com.cn/）。

事实上，每一项重大投资都会产生广泛的社会影响，无论其带来的影响积极还是消极。而影响力投资的特点在于投资者是主动在社会回报、财务回报和风险中寻求平衡，且通常将获得社会回报放在首位进行考虑，所以主动关注能够对社会、环境等产生积极影响的项目。也就是说，影响力投资在投资选择上会偏向那些具有正外部性的行业，而放弃一些容易产生负面社会效益的行业。投资具有积极影响的企业更有可能获得成功，这是因为它们与消费者预期一致，并且更有可能处于增长和创新领域。更重要的是，这些企业可以通过解决现有市场、行业和政府尚未解决的问题，产生持久的积极影响，从长远的角度带来更高的投资回报。也正因为如此，影响力投资可能会主动选择一些短期投资回报率较低但长期收益高于预期的资产。

影响力投资的这些特点与投资自然高度契合。影响力投资注重长期的社会和环境积极影响，而不是仅仅追求短期财务回报；对自然资本的保护和可持续利用同样需要一个长期的视角，以确保生态系统服务的持续供给，其本身就是一种具有正外部性的、可持续的实践机制，能够产生积极的、广泛的正面影响。影响力投资往往鼓励和支持创新技术或商业模式，而自然资本价值实现作为一个新兴领域，也是技术或经济业态创新的热点领域，可以有效地解决经济发展和生态环境保护协同性问题。影响力投资项目通常涉及多个利益相关者的合作，包括政府、非营利组织、社区团体和私营部门等，自然资本的保护和恢复也同样需要跨领域的协作。

（3）物质供给类产品的增值模式

物质供给类产品主要包括粮食、油料、蔬菜、水果及木材等，其产品安全问题尤其受到社会关注。一般而言，供给端（生产者、销售者）与消费端（消费者）之间存在严重的信息不对称，通常卖家比买家拥有更多的产品信息，不仅为销售者创造了寻租空间，还加深了消费者对产品质量的不信任。而数字技术构建的产品追溯系统，有利于让买方了解更多的产品信息和价值，缓解供需双方的信息不对称问题，进而提升物质供给类产品的附加值。例如，可运用射频识别技术、GPS、二维码、物联网等前沿技术，全方位收集生态物质产品从生产、加工，再到仓储、物流等全流程数据，为每一件产品打造可视化“履历表”，涵盖产品安全指标、环境合规标准、品质管控细节等内容；消费者借此能精准追溯产品源头，全程监督产品“成长轨迹”。基于数字技术搭建的追溯系统，实现了溯源信息采集、加工、传输及应用的标准化。如此一来，物质供给类产品供应链上下游成员间，以及不同供应链体系彼此之间，都能做到信息的顺畅共享与深度交流，有力地消除了供需双方的信息隔阂，为物质供给类产品市场的健康发展提供了有力支撑。

（4）调节服务类产品增值模式

调节服务类产品大多属于纯公共产品或者准公共产品范畴，是价值最难实现的一类自然资本。数智技术可以赋能生态系统的数据收集、实时监测传输、过程监管、质量查询、信息披露等方面，将无形的生态调节服务的数量和质量以数字化的形式展现在消费者面前，强化消费者对于司空见惯的生态调节服务的认知，这使得消费者，同时也是纳税人，对于生态保护领域的财政支出具有更高的认同感，消费者通过纳税这一方式间接购买生态调节服务产品，从而促进生态调节服务增值（陈倩茹等，2023）。

（5）文化服务类产品增值模式

数智技术正从多个维度重塑文化服务类产品体系，为其可持续发展注入源源不断的活力。借助数智技术在个性化定制、实时互动等方面的独特优势，能够实现对文化类服务产品的深度赋能，大幅提升其附加值。在产品研发环节，将虚拟现实、虚拟仿真、3D 打印等前沿数字技术融入文化服务类产品的认证与设计流程，能够极大地丰富产品种类，打造别具一格的视觉与体验效果，强化产品在市场中的辨识度。在宣传推广层面，充分利用短视频平台、自媒体等传播渠道，精准洞察不同消费群体的偏好与需求，实现文化服务类产品的个性化、精准化推广，让产品精准触达目标受众。在消费模式构建上，通过引入区块链、元宇宙等新兴技术，开发出数字藏品等创新型产品，为游客提供了全新的文化消费选择。同时，采用分时预约、智能讲解等数字化手段，让游客拥有更加流畅、丰富的游览体验。

案例三：新西兰数字技术全方位促进农业发展

作为现代农业高度发达国家，新西兰农业已经高度机械化、专业化、数字化，主要体现在以下几个方面。

一是以数字技术促进智慧农业发展。新西兰的农场安装了大量传感装置来监测土壤水分、土壤温度和电导性、空气温度等，保证农场安全，这些数据综合在一起形成了一个信息流，传送至“智能农场信息平台”。在该平台，每5分钟会形成一个实时数字地图，为农场经营提供帮助和支持。

二是以数字技术改善农村公共服务。新西兰第一产业部制订了国家城市超宽带服务网计划，目的是将宽带服务覆盖到郊区以及边远地区。从2011年7月开始，城市宽带网由政府出资约13.5亿新西兰元，其中3亿新西兰元用于投入边远地区。

三是以数字技术促进产业融合。新西兰高度重视农业产业作业区宽带网络基础设施建设，将信息化融入生态农业旅游。2005年，新西兰为实施“Web-raising”计划，由数字化决策机构安排经费建立网站，农民将自己的信息发布到网上，给旅游者提供全方位感受，使农户、当地企业和游客之间形成良好的融合互动，实现生态农业和信息化的有机结合，农民增收效果显著。

四是以数字技术保障农业绿色可持续发展。新西兰非常重视土壤的保护及绿色化发展，通过计算机模拟为作物制订计划，实现少量多次施肥，防止土壤退化，强调对资源的“最佳”利用。

（来源：《农民日报》）

8.3.3 自然资本资金化：提升自然资本变现效率

自然资本资金化是指自然资本经过设计、开发与运营，在市场上交易变现的过程。事实上，自然保护者有经济价值变现的需求，而消费者同样有美好生活环境和优质生态产品的追求，市场供需始终存在，但缺乏有效的连接通路。这就需要构建一个能够精准识别供需主体并可以高效运行的市场交易机制和平台。

数字金融作为新一代金融服务模式，将互联网与信息技术深度融入传统金融业态，在搭建自然资本市场交易机制、打造交易平台等方面展现出了巨大优势，有效推动自然资本资金化进程。一是提高交易效率。数字金融借助互联网和移动技术，使自然资本交易突破时间和空间限制。交易各方可随时随地通过网络平台进行交易，无须像传统交易那样亲自前往特定场所，节省了时间和精力。同时，智能合约等技术能够自动执行交易条款，快速完成交易流程，减少人工操作带来的延误，提高交易的速度和效率。二是降低交易成本。一方面，数字金融平台利用大数据和人工智能技术降低风险评估成本和信息不对称程度；另一方面，通过线上化的交易模式，减少了实体网点建设和运营成本，以及交易过程中的中介费用等。对于自然资本交易中的中小企业和个人投资者来说，降低了融资成本和参与门槛，激发市场活力和创新动力。三是优化资源配置。数字金融通过大数据和人工智能技术，能够对自然资本项目进行精准识别和评估，筛选出具有潜力和价值的项目，并为其提供精准的融资支持，将有限的金融资源投向更有价值的自然资本领域，推动相关项目的落地和实施，提高资源的利用效率。四是增强市场透明度与公信力。数字金融平台可以实时发布自然资本交易的相关信息和数据，为投资者提供全面、准确的信息支持。同时，通过标准化和规范化的信息披露要求，确保交易产品的真实性和合规性，提升市场的整体质量和效率，吸引更多投资者参与到自然资本交易中来，促进市场的健康发展。

案例四：以区块链技术为支撑的哥伦比亚栖息地银行（Habitat Bank）项目

生物多样性信用作为一种新兴的金融工具，旨在为那些有助于恢复或保护生物多样性的项目提供资金支持，并为投资者提供一个可以量化和交易的资产类别。

“云雾林”（Bosque de Niebla）提供了多种重要的生态系统服务，是 290 多种鸟类、32 种爬行动物和 76 种哺乳动物的家园。2022 年 5 月，基于区块链的气候贸易市场平台 Climate Trade 联手哥伦比亚本土企业 Terrasos，针对“云雾林”（Bosque de Niebla），推出自愿生物多样性信用（VBCs）。VBC 的量化体系包含四个维度：① IUCN 生态系统红色名录的风险类别：风险越高，得分越高；②保护与恢复：恢复得分高于保护得分；③永久性：必须至少运营 20 年；④生态连通性：如果生物多样性的改善没有增加连通性，则该信用得分为 0，随着连通性的增加，该项得分也会增加。每个 VBC 售价定为 30 美元，对应保护或恢复 10 m^2“云雾林”（Bosque de Niebla）30 年，通过市场化手段为高度濒危生态系统保护注入资金活力。

基于区块链的气候贸易市场平台 Climate Trade 则从技术层面解决了传统 VBC 市场的信任难题。一是数据溯源：实时记录生态修复进度、社区参与度等关键指标，确保信用真实性。二是多方协作：通过智能合约自动分配收益，解决政府、社区、企业间责任分配争议。三是透明度提升：所有交易记录上链，实现从项目认证到信用注销的全流程可追溯。

截至 2022 年 7 月，Terrasos 已售出约 180 万美元的 VBC，覆盖

哥伦比亚三个省份，吸引跨国企业如联合利华、微软等参与购买，验证了市场对生物多样性信用的需求。项目资金直接用于“云雾林”（Bosque de Niebla）的监测、反盗猎及社区替代生计开发等，使该区域眼镜熊等濒危物种栖息地破碎化问题得到缓解。通过 VBC 资金支持，项目已恢复退化林地 500 hm^2，新增生态廊道 20 km，显著提升森林连通性。

综合来看，购买 VBC 是企业回馈自然和确保对自然产生积极影响的一种方式，可以激励更多私营部门参与生物多样性保护。购买生物多样性信用是一种合法且有效的方式来抵消企业的开发活动产生的生态影响；而对于保护者来说，这提供了一个可持续的资金流，用以支持长期的生态保护修复工作。区块链技术则在解决传统生态保护补偿中数据不透明、责任难追溯的痛点，增强多方信任方面提供了强有力的支持。

[来源：大自然保护协会（TNC）]

8.3.4 资金反哺与造血：形成自然资本价值链闭环

通过数智技术与绿色金融的深度融合，可以实现自然资本的价值高效转化，并形成一个可持续的自然资本价值增值机制。这不仅能够让投资者获得收益，还能够确保这部分收益的一部分被重新投入到自然资本的保护中，以维护和提升生态系统功能和服务，推动形成科学、合理的自然资本价值实现利益分配机制，真正实现“保护者受益”。

其“反哺”功能体现在自然资本价值变现的部分收益直接付给自然保护者。“造血”功能体现在“扩大再生产”，即将部分收益用于生态保护与修复。具体而言，自然保护者因其保护的自然资源参与了价值实现过程，得到了相应的要素报酬。为了让自然资本进一步增值，其更乐于将所获收益的一部分用于生态系统的更新与维护，提升生态系统服务功能。自然保护者便有了保护自然的内驱动力，能够持续为自然保护付出，推动自然资本增值。

案例五：绿色金融前沿——“犀牛债”加速生物多样性融资

在全球生物多样性面临严峻挑战的大背景下，许多珍稀物种的保护工作因资金短缺而进展缓慢。2022 年 3 月，世界银行（WB）分支机构国际复兴开发银行（IBRD）宣布，将发行 1.5 亿美元的五年期债券，名为“野生生物保护债券”，用于保护南非的黑犀牛，因此又称“犀牛债”。这是世界上首个专门用于保护某一特定物种的金融工具，创新性地利用了混合融资模式，将生物多样性保护项目与金融市场相结合，设计出符合市场需求和投资者偏好的金融产品，有效吸引私人资本的投入，为生物多样性融资提供新的范例和思路。

第一，犀牛债券采用“按效支付”的模式。犀牛债不对投资者支付票息，但期满时会将本金返还。犀牛债折价发行（94.84%），五年后以面值赎回，故投资者的本金并无损失。此外，投资者还有望从 IBRD 那里拿到一笔“效益支付”，这笔钱的资金来自全球环境基金（GEF）的一笔与实际保护成效挂钩的拨款。在这样的结构下，投资者面对的风险大幅降低。

第二，犀牛债将债券融资和捐赠结合，这种模式既优于纯债券模式，也优于纯捐赠模式。纯债券模式是发行方支付票息和保护项目的所有成本，纯捐赠模式则使得捐赠方除须支付保护项目的所有成本外，还面临捐赠款通常不对项目核验成效的风险。在犀牛债模式下，发行方不但顺利推出了项目，还降低了成本，而犀牛由发行方和捐赠人共同出资保护，也有利于核验项目成效，从而避免了双方各自存在的一些弊端。

第三，犀牛债采用激励而非惩罚的方式，解决了可持续发展挂钩债券中可持续发展目标与投资者额外收益目标的矛盾。如果投资者的捐赠发挥作用，犀牛数量增长率达标，则 GEF 的捐赠将以效益支付形式回馈给投资者。犀牛债的评估日为 2026 年底，黑犀牛数量增长率目标设在 4%。世界银行官网上的信息显示，2022 年底时该增长率已达 7.3%，超过设定目标，故投资者最后极可能拿到犀牛债的效益支付。这表明，全球环境基金依据实际绩效支付的拨款能够进一步鼓励资本市场的参与者将资金投入生物多样性保护领域。

“犀牛债”模式的成功表明，在生物多样性融资领域，创新金融工具具有巨大的潜力。同时，该项目的顺利实施离不开国际环保组织、金融机构、政府部门、当地社区以及企业等多主体的紧密合作，这种多主体合作的模式为生物多样性保护融资项目的成功运作提供了有力保障。

（来源：中外对话订阅号）

第 9 章

模式设计：“自然币”概念框架与运行流程

数智技术的迅猛发展和人类生态意识的逐步觉醒，使数字金融逐渐成为推动自然资本价值实现有效且可行的解决方案之一。探索设计一种全新的基于 RWA 通证化的“自然币”概念框架，将自然资本从链下带到链上，塑造生态保护的积极影响力，为投资者提供了新的机会来追求财务和社会双重收益。该模式有效增强了市场的透明度，提升了市场运行效率，破解了自然资本流通难、交易难的困境，真正实现资源所有者/保护者、运营者、投资者、政府部门的多方共赢。

9.1 “自然币”的概念框架总体设计

“自然币”的概念框架总体设计如图 9.1 所示。

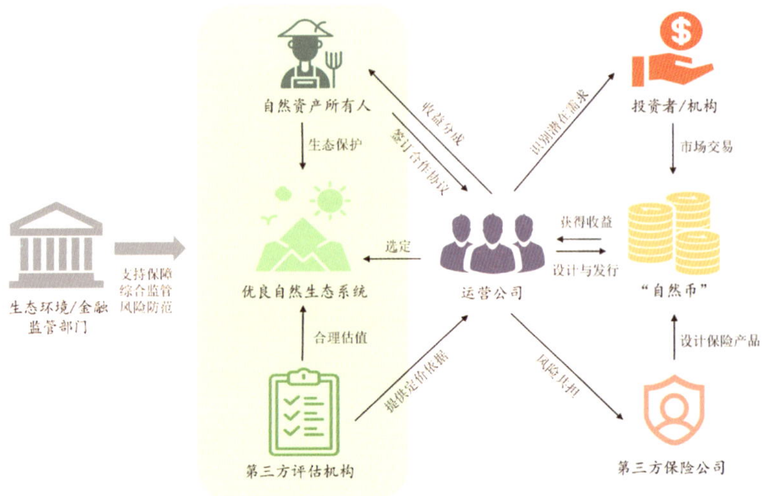

图 9.1 “自然币”的概念框架总体设计

9.1.1 “自然币”的参与主体

在“自然币”框架中的主要利益相关方包括：①自然资产所有人：负责维护优良自然生态系统的群体，如自然保护地管理者、农民、国有林场等，他们同时有着经济利益变现的现实诉求。在有些情况下，自然资产的所有者与事实上的保护者并不一致，但他们都有着相同的立场与利益诉求。②运营公司：“自然币”的核心设计、发行、运营与维护者，通常是一个专门成立的公司或组织，整套模式依赖他们而运作。③投资者 / 机构：愿意投资于生态保护项目的个人或机构投资者。他们通过购买“自然币”来支持生态保护项目，并期望从中获得收益。④第三方机构：包括第三方评估机构、保险公司等，负责在“自然币”的各个环节提供第三方服务，以保障“自然币”的发行与流通。⑤政府部门：主要包括生态环境监管部门、金融监管部门等，他们扮演监管者与支持保障者的角色。

9.1.2　“自然币”的运行机制

“自然币”的运行机制可以分为以下几个步骤：①运营公司寻找并选定合适的自然生态系统区域，挖掘变现潜力，做好前期准备。②运营公司设计“自然币”，进行合理定价，并将其进行通证化后，发行到市场平台上。③“自然币”在市场平台上进行流通与交易，第三方保险公司进行风险保障，投资者 / 机构与运营公司分别获得投资与运营收益。④运营公司根据约定进行收益分成，并持续提供“自然币”。

数智技术，包括区块链与分布式记账技术、高分辨率遥感技术、IoT 技术、AI 与机器学习、数字孪生与仿真技术、量子加密技术等，在“自然币”的各个环节都得到了关键应用。

9.2　“自然币”的运行流程

9.2.1　挖掘变现潜力——“自然币”的底层资产

RWA 是一种将现实世界的资产转化为数字资产的过程，本质上需要创造广泛的影响力，确保交易活跃度和流通性，才能推动“自然币”价值增值。因此，设计“自然币”的第一步就是要寻找并选定具有高度影响力的底层资产。这就意味着，要对作为“自然币”底层资产的自然资本的影响力价值有清晰认知。通常，那些能够对全球生态环境变化产生举足轻重影响的区域、社会上关注度较高的热点区域，或在某些区域发挥关键生态服务功能的保护项目，都能够产生足够大的影响力。例如，南美洲的亚马孙热带雨林、中国的青藏高原等。

在寻找并选定合适的区域作为底层资产后，运营者根据第三方机构的估值情况，以合理价格从所有者 / 保护者手中购买资源使用权与收益权，并与所有者 / 保护者签订严谨、详细且具有法律效力的长期合作协议，明确权利义务、收益分配方式、监督与评估机制、违约条款及争议解决方式等。这是整个流程的起始步骤，为后续的“自然币”发行等活动奠定基础。

数智技术在其中得到了关键应用。例如，通过“卫星遥感 +AI 识别”社交媒体大数据挖掘，帮助定位全球生物多样性保护热点区域，并将其作为自然资产分级分类的价值评估的重要参考。通过分析遥感影像中地表覆盖的分布和变化，可以发现一些植被丰富、生态系统复杂的区域，这些区域往往具有较高的自然资产供给潜力。将生态环境数据融入人工智能等数字技术，不断加强机器学习和训练，有助于推动“自然币”底层资产选定由“经验判断型”向“数据分析型”转变。

9.2.2 开展价值评估——“自然币”的定价

自然资产的稀缺性与增值性是“自然币”形成和发展的前提。自然资产价值评估结果是“自然币”的定价基础。然而，由于传统的自然资产价值核算强调与国民经济核算体系的衔接，核算方法过于复杂且并不统一，在实践当中难以大规模推广应用。而将自然资本转为“自然币”的价值评估有别于传统的价值核算，更加强调能够取得市场价值共识。基于这种思路，我们提出一个基于自然资产重要性、稀缺性、多样性、功能性、增值性等属性特征的整体性价值评估框架。其中，重要性、稀缺性、多样性聚焦存量评估视角反映区域自然资本禀赋条件，可应用于本底评估与保护决策；功能性和增值性聚焦流量评估视角，反映一定时期内生态系统功能及其产生的资源流与服务流的能力与区域正向引导下自然资本的增值潜力，为自然资本开发、投资等管理决策提供科学支撑。

重要性评估，可从评价区域对保障和维护生态安全和人类福祉的关键程度进行评定。稀缺性评估，可从评价区域的"区域整体的稀缺性—生态系统稀缺性—物种稀缺性"三个层面进行评定。多样性评估，旨在衡量自然资本涵盖的各类要素及其属性的多样化程度，可从遗传多样性、物种多样性与生态系统多样性等方面进行考虑。功能性评估，是对自然资本所提供的生态系统功能给予评估，可选取综合反映生态系统功能的 前置指标，如植被覆盖度、净初级生产力等进行评估。增值性评估，旨在衡量评估区域内自然资本在特定时期内价值增长的能力，可从资金投入与资本收益两个维度考量。

本框架将评价区域内的自然资源与其所在的山水林田湖草沙生态系统作为统一整体，统筹考虑自然资本的存量与流量，将其发挥的所有功能和服务价值"打包"进行评估，形成区域自然资本价值，而不对单一功能、服务进行细致解构，从而避免价值重复计算或因量化评估标准不统一带来的价值错配等问题。

在构建指标体系过程中，需以生态学、经济学等相关学科理论为基石，充分考量地理环境的区域差异、自然资源的动态变化特性，兼顾数据的可获取性、可量化性与可比性。在指标选取上，应尽可能采用简单、直观的评估指标与方法，推动指标选取朝着标准化、规范化方向发展，以便推广应用。

接下来，参考自然资产价值评估结果，充分考虑市场需求、投资者偏好与市场竞争状况等，采用成本加成定价法、市场比较定价法、收益折现定价法、风险定价法等，为"自然币"确定合理的发行价格区间。例如，以面积为份额分割单位，为每一单位面积的自然资源确定一个发行价格，进而确定"自然币"的总金额和总份额。在此基础上，可以按照市场情况，分批次进行"自然币"的发行工作，适时调整发行金额和发行份额。

数智技术的应用为"自然币"定价提供了重要参考。例如，卫星遥感、无人机航拍、地面自动监测站、水下机器人、物联网等大数据采集技术的应用，能够不断拓展监测的准确度和时空广度，实现全域监测感知。开放的数据共享平台可以集成各方的监测数据并提供统一的接口和访问权限，促进不同组织和个人之间的数据共享和交流。集成生态系统服务价值核算模型与AI优化算法，可以动态计算“自然币”背后的自然资产综合收益，从而为“自然币”的定价提供依据。利用数字孪生技术进行风险推演，计算“自然币”投资的违约概率分布。

9.2.3 进行通证化——“自然币”的发行

根据前述标准与方法，对“自然币”进行价值评估后，需要在选定的区块链网络中部署智能合约，将自然资产转换为区块链上的数字通证，以确保后续的流通与交易。

由于“自然币”的底层资产具有明确的上限，数字通证被划分的份额是固定且稀缺的，这就构成了“自然币”的稀缺性。原始的自然资源难以分割和交易，但将其进行通证化后形成的“自然币”往往份额面值较小、数量足够多，在二级市场交易时极大地提高了投资灵活性，降低了投资门槛，吸引了更多的投资者（尤其是小额投资者）的关注。所有交易记录都被存储在区块链上，确保了交易的透明性和可追溯性，增加了投资者的信心。通证在不同的区块链之间流通，增加了其流动性和市场的广泛接受度。智能合约则可以自动执行与自然资本相关的管理规则和协议，减少了人为干预的需要，简化了管理流程，降低了运营成本，提高了运营效率，同时增强了金融合规性。量子加密技术为区块链上的数据传输加密，确保交易信息、节点间通信数据等在传输过程中不被窃取或篡改。

9.2.4 连接市场供需——“自然币”的流通与交易

“自然币”的顺畅运行必须考虑其使用场景，包括流通平台与潜在的供需主体。

(1)基于区块链和分布式记账技术网络的流通平台

利用区块链和分布式记账技术网络,能够搭建加密化和去中心化的“自然币”流通平台,以信任最小化和无须许可的方式交换价值,交易过程中无须任何第三方,流动性和透明性都会更高,系统性风险会更低。

流通平台的前端,是“自然币”所对应的底层资产的价值核算、认定、咨询、评估服务功能。通过 IoT 设备、遥感卫星等技术收集自然资源资产的相关数据,建立不同层次的价值评估与定价标准体系,实现价值精准评估。所有数据和认定结果都记录在区块链上,可追溯性强,提高了信任度。同时,运营者还应提供咨询服务,为自然资产的所有者提供进入市场的指导。

流通平台的中端,是将自然资产转化为“自然币”的包装、开发、宣传、推介、金融等服务。利用区块链技术创建智能合约,自动执行“自然币”的开发和管理规则。通过数字营销手段,向潜在投资者宣传这些产品。在该平台上,任何人都可以参与自然资产的开发和交易,无须第三方许可。

流通平台的后端,是“自然币”的销售、交易、招商、宣传等服务。利用区块链的全球网络特性,连接全球范围内的自然资产供应商和消费者,可以实现跨境交易。通过平台提供的招商服务,吸引更多的自然资产通证化项目,可以扩大市场规模。通过广泛的宣传推广,吸引更多的投资者与消费者,扩大影响力,形成自然资产影响力投资的正向循环。

(2)精确识别及挖掘供需主体

识别“自然币”的供需主体是“自然币”能够持续进行流通和交易的核心所在。

“自然币”的供给者包括:

①自然资产所有者 / 保护者。例如,政府作为全民所有自然资源的所有者代理人,通过提供以行政区域单元为底层资产的“自然币”,能够为自然资源的保护和管理筹集资金,通过市场机制激励更多社会资本参与到生态保

护中。自然保护地管理机构通过提供基于特定地域单元的“自然币”，可以为其管理和维护筹集资金，减少对财政补贴的依赖。农村集体和农户通过提供基于特定项目的“自然币”的发行，可以集零为整，将其拥有的自然资源转化为经济收益，提高生态福祉。

②银行、企业、其他组织和个人投资者等。他们专门为了盈利和资产增值而投资“自然币”，希望通过参与生态保护项目获得财务回报。这些投资者看中的是“自然币”的增值潜力，以及参与生态保护所获得的社会声誉、个人荣誉和品牌价值。通常他们既是供给者，也是需求者。

“自然币”的需求者可能包括：

①为加强生态保护或政策施行而购买“自然币”的各级各地政府部门。通过购买“自然币”，可以支持生态保护项目，实现可持续发展目标。

②公益组织和具有公益心的个人消费者等。通过购买“自然币”，可以支持生态保护项目，提高公众对生态保护的认识和支持度。

③履行企业社会责任（Corporate social responsibility，CSR）的企业、公益组织等。通过购买“自然币”，可以履行企业社会责任，提高其品牌形象和社会责任感。

④专门为盈利和资产增值而购买“自然币”的企业、机构组织、个人投资者等。他们既是供给者，又是需求者，通过买卖活动，寻求资产增值和财务回报。

在这一过程中，通过大数据技术，收集和整合海量的交易数据，可以对相关主体的交易模式、资金流向、投资偏好等进行深度挖掘。通过对社交媒体、财经新闻等非结构化数据的情感分析，能洞察相关主体的态度和预期，从而更精准地把握潜在的交易需求。利用无监督学习算法发现相关主体间的潜在关联和群体特征，处理复杂的市场数据，对相关主体的行为模式进行更精准的建模和预测，提高识别和挖掘的准确性。人工智能驱动的智能客服和智能营销系统，能有效提升客户服务质量与营销效率，降低运营成本。

9.2.5 多方共赢——"自然币"的收益分配

在"自然币"的流通与交易过程中，多方参与主体均获得了收益，从而形成了保护自然的内驱力。具体包括持有收益和交易收益两个方面。

①"自然币"的持有收益。持有"自然币"可获得一定的生态权益，如果"自然币"与特定的生态环境导向的开发项目或相关企业挂钩，当这些项目或企业获得经济收益时，会按照一定比例以"自然币"或其他货币形式向持有者进行分红。随着生态保护理念的普及和"自然币"应用场景的不断扩大，"自然币"的价值可能会逐渐提升，此时，持有者因"自然币"价值上升而获得资产增值收益。此外，当交易者通过交易"自然币"，促进了特定的生态环境导向的开发项目的发展或达成了某些生态保护目标时，可能会获得来自项目方或相关机构的额外奖励。

②"自然币"的交易收益。交易者可以通过低买高卖的方式获取差价收益。"自然币"的交易平台会对每笔交易收取一定的手续费，平台可以根据交易者的活跃度或持有"自然币"的数量等因素，按一定比例返还手续费给交易者，从而鼓励交易者积极参与"自然币"的交易，增加了交易者的实际收益。

9.2.6 提升影响力——"自然币"的价值可持续增值

确保"自然币"的长期价值增值是确保其流通性的关键。这就要求增加"自然币"所代表的积极影响力，即增加为了保护重要生态系统而做出的努力以及产生的广泛积极效应。综合来看，可从以下三个方面着重考虑。

①促进"自然币"所代表的底层资产的自然增值。通过生态保护修复及自然资源的合理经营，优化生态系统功能结构，如碳汇、水源涵养、生物多

样性维持等，提升自然资产供给能力。随着这些生态系统服务在全社会及市场上得到认可，“自然币”所代表的底层资产就会因为其提供的社会生态效益而增值。机器学习算法可用于预测底层资产的未来表现，通过对大量历史数据和实时数据的学习，构建精准的预测模型，预测生态资源的市场需求变化、价格波动等情况，提供更加合理、可信的决策依据。

②利用市场交易供需调节实现价值增值。“自然币”可以在专门的交易所发行并进行买卖交易，这就为原始投资者提供了退出机制，并创造了流动性。通过认证机制和影响力投资策略，可以增加“自然币”的吸引力，推动交易价格上升。数智技术为专门的“自然币”交易所搭建提供了坚实的技术基础，云计算技术则保障了交易平台强大的计算能力与稳定的运行性能，确保交易过程流畅。

③营造全社会生态环境保护与“生态有价”的价值共识，构建自然资本价值实现的前景和预期。提高公众对生态保护重要性的认识、对“生态有价”的价值认知、对“生态付费”的意识认同，能够有效扩大生态保护相关努力的影响力，扩大潜在的需求群体，从而实现价值增值。政府可以通过立法和政策引导，企业可以通过社会责任行动，个人则可以通过消费选择来达成这一共识。当社会普遍认识到自然的价值，并愿意为此支付溢价时，“自然币”就能够获得更广泛的支持。例如，利用虚拟现实（VR）和增强现实（AR）等人工智能技术，打造沉浸式的生态体验场景，让公众身临其境地感受生态系统的魅力与重要性，增强公众对生态保护的感性认识以及“生态有价”的价值认知。

此外，为保证“自然币”的价值增值部分可识别、可测算，需要大面积应用物联网、智能监测、人工智能、大数据分析等技术，提供对森林、海洋、农业、湖泊、河流等多类型生态系统的实时洞察，为“自然币”的底层价值变化捕捉提供可靠的数据基础与测算依据。

9.3 "自然币"运行过程中的监管与风险防范

9.3.1 加强政府部门对"自然币"的保障与监管

在"自然币"的运行机制中，一方面涉及自然资本的保护修复、定价与功能提升等；另一方面涉及金融模式的运作，因此，政府部门（如生态环境监管部门、金融监管部门等）发挥着关键的支持、保障、监督与评估等作用。

对于土地 / 资源所有人，政府部门可以提供政策支持与指导，鼓励其参与"自然币"体系运行项目。生态环境监管部门可以提供自然资本功能提升、价值核算等方面的技术与培训支持，金融监管部门则从"自然币"定价与收益分成方面给予保障。在监管方面，自然资源监管部门首先要核实其资源的合法性与真实性，检查权属是否明晰，有无欺瞒行为。通过建立完善的产权登记和审核系统，确保资源所有者提供的自然资产符合证券化要求。此外，生态环境监管部门与金融监管部门还应考察土地 / 资源所有人的持续资源供给能力。例如，是否能按照约定的质量和数量持续进行资源管护，提供连续数据以保障证券价值基础的稳定性；关注其是否遵守信息披露规则，避免隐瞒可能影响证券价值的关键信息。

对于运营公司，政府部门可以营造公平、透明、有序的市场环境，为其提供良好的市场秩序保障。金融监管部门可以引导金融机构为运营者提供必要的金融支持，如提供低息贷款、融资担保等，帮助运营者解决资金瓶颈问题。在监管方面，生态环境监管部门和金融监管部门应重点监督运营者的合规操作，确保运营公司严格遵守证券交易法规和"自然币"的特殊规则，确保自然生态系统不受损害，加强风险防范监管。例如，检查运营者是否存在操纵市场价格、内幕交易等违法行为。在评估运营者绩效时，关注"自然币"产品的设计是否合理，如是否充分体现出自然资产的价值，风险—收益结构是否匹配，是否能够有效吸引投资者并保障其权益。

此外，金融监管部门还应密切关注市场交易活跃度和价格波动情况。当“自然币”市场出现异常交易行为，如交易价格的急剧涨跌、交易量的异常放大等，及时介入调查。在评估市场运行的健康程度方面，金融监管部门可以构建综合的市场评估指标体系。例如，市场的流动性指标、市场参与者的满意度调查等，从而判断市场是否能够持续、稳定、公平地运行，为“自然币”的可持续发展营造良好环境。生态环境监管部门则可以从自然资产维护与增值方面构建评估体系，分析“自然币”相关业务和增值方式是否与特定的生态环境投资开发项目挂钩，是否有利于生态环境改善等。

利用数智技术可以推动实现“自然币”穿透式监管，增强监管的透明度、准确性和效率。通过大数据技术对不同来源的数据进行有效收集和整合，利用机器学习和 AI 算法，从大量复杂的数据中提取有价值的信息，识别出潜在的风险点或违规行为。政府部门作为区块链验证节点，实时获取证券发行、交易、清算数据，无须依赖企业报送。预设监管规则（如 ESG 标准）写入合约，自动拦截违规交易。利用数字孪生和强化学习，能够营造虚拟监管环境，模拟税收优惠、配额调整等政策对“自然币”市场的影响。

9.3.2 完善“自然币”风险防范机制

在“自然币”的运行进程中，自然风险、市场风险、技术风险、金融风险及生态风险等诸多风险交织并存，可能对“自然币”的平稳运行造成冲击。鉴于此，构建完备且行之有效的风险防范机制不仅关乎“自然币”体系的稳定，更是保障各参与主体权益、推动其可持续发展的关键所在。

①自然风险是指因自然灾害、极端气候等不可抗力的自然因素，致使“自然币”所依托的底层资产遭受损害，进而影响其价值与正常流通的风险。例如，洪水冲毁林地，导致林地资源减少，使得以此为基础发行的“自然币”价值

受损。因此，必须构建完备的自然资产监测体系，运用卫星遥感、传感器等技术实时掌握自然资产状况，提前预测自然灾害可能造成的影响。另外，引入相对独立的第三方保险机构，推动“自然币”保险和再保险业务发展，从而在遭受自然损害时，相关主体能获得经济补偿，维持“自然币”价值稳定。

②市场风险是在“自然币”交易过程中，由于市场供求关系变化、经济形势波动、政策调整等因素，引发“自然币”价格大幅波动，给投资者和相关参与主体带来损失的风险。例如，当宏观经济下行时，投资市场整体低迷，会导致“自然币”投资需求减少，价格下跌。基于此，一方面要强化市场监测与预警，通过大数据分析市场交易数据，及时察觉价格异常波动；另一方面，政府部门应保持政策稳定性与连贯性，在调整政策时提前充分评估对“自然币”市场的影响，给予相关主体足够适应时间，降低政策变动带来的冲击。

③技术风险主要是“自然币”运行所依赖的区块链、信息技术等出现故障、漏洞或遭受网络攻击，导致交易中断、数据泄露、系统瘫痪等问题，影响“自然币”体系安全稳定运行的风险。例如，区块链技术的智能合约存在漏洞，可能被黑客攻击篡改，造成资金损失。应对此风险，需不断升级优化技术系统，定期进行安全漏洞检测与修复。培养专业技术人才团队，增强系统维护与应急处理能力。同时，建立多重安全防护体系，如防火墙、加密技术等，抵御外部网络攻击，保障技术层面的安全可靠。

④金融风险是指由于利率汇率波动、金融机构信用危机、资金流动性不足等因素，导致“自然币”相关金融体系紊乱，引发金融系统性风险的可能性。例如，当市场利率大幅上升，会使得“自然币”投资的机会成本增加，投资者可能抛售“自然币”，引发价格下跌。为此，政府部门应建立针对“自然币”的利率汇率风险监控机制，加强对参与“自然币”业务金融机构的监管，密切关注宏观金融环境变化对“自然币”的影响，适时引导市场预期。还可引入第三方保险机构，通过保险与再保险将自身承担的部分风险分散，

确保自身稳健运营。

⑤生态风险指在“自然币”运行体系下，由于过度遵循商品价值规律，以经济利益为首要导向，从而忽视甚至取代自然规律所引发的一系列风险。例如，在商品价值规律主导下，人们可能为追求短期利润，对自然资源进行掠夺式开发，罔顾自然生态系统的承载能力与内在平衡机制。长此以往，生态系统自我修复能力受损，生态服务功能下降，从根本上动摇“自然币”的价值根基。因此，政府部门需制定严格且具前瞻性的监管策略，明确界定经济活动与生态保护的边界，严格约束不合理开发行为，稳固“自然币”背后的生态价值基础支撑，避免商品价值规律对自然规律的不当替代。

第 10 章

天人合一：
推动实现人类命运共同体愿景

人类只有一个地球，各国共处一个世界，守护自然资本是人类共同的利益，需要地球大家庭集体行动、携手同行。生态文明是人类文明发展的必然趋势，绿水青山就是金山银山，将自然资本融入经济体系，推动自然资本价值实现，是应对全球生态环境挑战、共建人与自然和谐共生美丽家园的最佳方案。相信在不久的未来，随着自然资本标准体系不断完善，数智技术、绿色金融等创新手段不断赋能，更多自然资本价值转化的路径将会被解锁，自然保护者将获得合理回报。通过全球合作，全社会共同行动，自然资本价值实现将成为全球可持续发展的共同语言，推动开启人类高质量发展新征程。

10.1 让自然保护者获得合理回报

当全球生态危机的阴影持续笼罩，生物多样性丧失的速度仍未放缓，我们愈发清醒地认识到，自然保护从不是少数人的“公益行动”，而是全人类必须协同推进的“生存工程”。长久以来，由于自然保护者的付出未得到合理回报，自然保护往往陷入“保护难以为继——生态危机持续”的恶性循环。构建让自然保护者获得合理回报的新范式，正是打破这一困局的关键所在——它能激活自然保护者持久的内生动力，不断筑牢全球生态安全根基。

推动这一新范式的落地，需在全球层面实现“协同破局”与“机制重构”。这需要建立全球统一的自然资本价值核算体系——打破生态环境低价甚至无价的认知误区，使每位保护者的付出都能实现可测量、可定价。同时，应积极构建“政府引导、市场主导、全民参与”的多元主体协作机制。国际组织可推动跨国生态保护，促进资源与资金的优化配置，确保承担保护责任的国家获得合理回报。国家层面通过立法明确保护者权益，健全保护者收益机制。企业作为市场与资金的关键力量，应转变角色，从自然资本的“索取者”迈向“投资者”与“管理者”，将生态保护深度融入企业核心战略中，建立起消费者与保护者的桥梁，驱动资金流向保护者。社会公众作为自然资本的直接受益者和间接影响者，应树立“生态有价、使用有偿”的意识，形成“人人愿保护、人人能保护”的社会自觉。

或许在不远的将来，我们会看到这样的图景：亚马孙雨林的巡护员通过碳汇交易获得稳定收入，不再为生计发愁；青藏高原的牧民因守护雪豹而获得生态旅游的收益分成，与野生动物和谐共处；珊瑚礁保护区的渔民通过培育珊瑚苗种获得收益，主动参与到海洋生态的修复中。当自然保护者的付出能得到合理回报，当保护行为与人类的发展需求形成良性循环，全球生态保护才能真正实现可持续发展，地球的生物多样性才能在人类的守护下，绽放出更持久的生机。这不仅是对自然保护者的尊重，更是人类对自身未来的负责——因为保护自然，最终是在保护我们自己。

10.2 搭建全球自然资本标准体系

统一的标准是自然资本价值实现的基础，是让“无形生态价值”变得可衡量、可比较、可交易的前提，更是打破地域壁垒、凝聚全球保护合力的关键环节。自然资本若要在全球范围内实现高效流动与转化，建立一套获得国际广泛认可的标准体系至关重要。标准缺失会使自然资本相关数据失去可比性，核算也会陷入“各算各账”的碎片化局面，跨国合作更是无从谈起。

搭建全球自然资本标准体系，应从基础标准、监测标准、质量标准、核算标准、认证标准、定价标准等多维度系统推进，确保每一项标准科学、精准、可落地。基础标准需对自然资本的定义、范畴等予以明确界定，为后续工作筑牢根基；监测标准要确保能够精准、持续地跟踪自然资本的动态变化；质量标准用于衡量自然资本的优劣程度，保障其品质；核算标准需规范核算流程与方法，让结果更具科学性与权威性；认证标准为自然资本相关项目、产品等提供认证依据，增强市场信任度；定价标准则尝试为自然资本确定合理价格，促进其在市场中有效流通。推动每一项标准切实落地实施、切实发挥作用，需要各国政府、科研机构、企业等各方协同合作，通过广泛开展试点项目，对标准体系进行持续优化完善。

当标准体系全面建立，便如同架起一座桥梁，每一个国家、每一位保护者都可依据同一套标准进行价值核算与收益分享，自然资本价值得以顺利“变现”，自然资本的保护与利用将为地球生态系统的稳定与繁荣注入强劲动力。

10.3 加快数智技术与金融融合赋能

绿色金融既是自然资本价值实现的重要形式，也是自然资本价值实现的重要工具，在资源配置、风险管理、市场定价等方面发挥重要作用。数智技术的突破式增长及在不同领域间的高迁移性，为自然资本价值转化过程中各要素的便捷流动、精准匹配、高效利用等提供了重要的技术支撑。数智技术与绿色金融的融合，可极大地提升自然资本的有效供给和价值转化效率，是未来自然资本价值实现的新路径。

建立“标准—算力—规则”三位一体的自然资本数智治理框架，对自然资本的开发利用进行实时监测与风险预警，筑牢数字生态治理安全屏障。设计和开发以自然资本为底层资产的数字金融产品和服务，创新探索基于生态系统整体性构建生态权证，通过二级市场交易激活流动性，缩短自然资本经营开发周期，提高价值转化效率。强化运用气候风险压力测试、环境和气候风险分析、绿色和棕色资产风险权重调整等工具，增强自然资本价值实现长期运营过程中的风险防范能力。创造更多数字化消费和应用场景，通过线上化、智能化的金融服务平台，为数字金融生态产品的权益登记、溯源、交易、流转、融资、结算、咨询等提供多样化的应用选项。加快自然资本数智化监测、跨尺度核算、通证化等关键技术的深度研发，为自然资本价值实现提供坚实的技术保障。

随着数智技术与绿色金融融合向更深层次推进，自然资本价值实现将逐步迈入“数智化驱动、市场化运作、全链条治理”的新阶段。让自然资本通过数字确权、智能定价进入金融市场，形成“生态可计量、价值可交易、效益可预期”的良性循环，为生物多样性保护、气候变化应对、环境治理等提供兼具制度创新与技术创新的解决方案。

10.4　推动自然资本价值实现国际合作

人类共享唯一地球，凝聚全球合作共识，推动各国分工协作、互利共赢，是自然资本价值实现的必由之路。

加强自然资本价值实现的国际合作，需从规则共建、技术共享、利益联结三方面重点突破。推动将自然资本价值实现的制度性安排纳入《生物多样性公约》《联合国气候变化框架公约》等核心履约机制中，鼓励各国主动参与自然资本国际规则与标准的制修订。持续探索积极有效的全球合作模式，开展自然资本价值实现跨境项目试点，共同探索并推广全球自然资本价值实现的前沿理念、行业标准和最佳实践。创新共享平台，打破地域与信息壁垒，推动智能定价模型、生态系统模拟预测、自然资本风险预警等新兴技术的联合研发与规模化推广应用，破解自然资本价值实现技术标准不统一、关键技术垄断等困境。建立公平的跨境利益分配机制，对跨国界的生态保护项目，探索按“保护投入比例”“生态效益辐射范围”等确定收益分配权重，让参与保护的国家和地区都能从自然资本的价值实现中分得合理份额。

未来，或许会出现“全球自然资本平台”，各国可将生态保护成果折算为“自然资本份额”存入该平台，既可交易获利，也可在本国生态受损时申请相应的保护支持。当保护者的贡献跨越国界得到认可，当自然资本价值在全球顺畅流动，人类才能真正形成“共护自然、共享价值”的合力，让每一份守护都收获合理回报。

星河璀璨，地球是人类唯一的家园；命运交织，世界是我们共同的归属。在“人类命运共同体”的时代长卷上，守护全球自然资本价值，不仅是镌刻于天地间的生存命题，更是谱写文明永续的壮丽诗篇。我们应该通过创新多元参与途径，让自然保护者获得合理回报，激发全球保护自然的内生动力；搭建统一标准体系，打破信息壁垒，凝聚价值共识；推动数字金融产品创新，吸引多元资本助力生态保护；加强国际合作，凝聚全球力量，共同应对生态挑战。

当各国政府勇担守护地球的使命，企业践行生态保护责任，社会组织积极行动，个人持续贡献智慧与力量，我们便能以坚定信念为笔、创新思维为墨、务实行动为纸，在自然资本价值实现的宏伟画卷上，绘就人与自然和谐共生的绝美图景，共同奏响守护地球的时代最强音。

参考文献

Bagdi, T., Ghosh, S., Sarkar, A., Hazra, A.K., Balachandran, S., & Chaudhury, S. (2023). Evaluation of research progress and trends on gender and renewable energy: A bibliometric analysis. *Journal of Cleaner Production, 423,* 138654. https://doi.org/10.1016/j.jclepro.2023.138654

Bastien-Olvera, B.A., Conte, M.N., Dong, X., Briceno, T., Batker, D., Emmerling, J., Tavoni, M., Granella, F. & Moore, F.C. (2024). Unequal climate impacts on global values of natural capital. *Nature, 625,* 722-727. https://doi.org/10.1038/s41586-023-06769-z

Bateman, I., Carson, R., Day, B., Hanemann, W., Hanley, N., Hett, T., Lee, M., Loomes, G., Mourato, S., & Pearce, D. (2002). *Economic valuation with stated preference techniques: A manual.* Edward Elgar. https://econweb.ucsd.edu/~rcarson/papers/BatemanBook.pdf

Brown, T.C., Peterson, G.L., & Tonn, B.E. (1995). The values jury to aid natural resource decisions. *Land Economics, 71*(2), 250-260. https://doi.org/10.2307/3146505

Buonocore, E., Donnarumma, L., Appolloni, L., Miccio, A., Russo, G.F., & Franzese, P.P. (2020). Marine natural capital and ecosystem services: An environmental accounting model. *Ecological Modelling, 424,* 109029. https://doi.org/10.1016/j.ecolmodel.2020.109029

Cao, M., & Woodward, F.I. (1998). Dynamic responses of terrestrial ecosystem carbon cycling to global climate change. *Nature, 393*(6682), 249–252. https://doi.org/10.1038/30460

Cao, M., Zhang, Q., & Shugart, H. (2001). Dynamic responses of African ecosystem carbon cycling to climate change. *Climate Research, 17,* 183–193. https://doi.org/10.3354/cr017183

Chen, J., Wang, Y., Wen, J., Fang, F., & Song, M. (2016). The influences of aging population and economic growth on Chinese rural poverty. *Journal of Rural Studies, 47,* 665–676. https://doi.org/10.1016/j.jrurstud.2015.11.002

Costanza, R., D'Arge, R., de Groot, R., Farber, S., Grasso, M., Hannon, B., Limburg, K., Naeem, S., O'Neill, R. V., Paruelo, J., Raskin, R.G., Sutton, P., & van den Belt, M. (1997). The value of the world's ecosystem services and natural capital. *Nature,*

387(6630), 253–260. https://www.nature.com/articles/387253a0

Costanza, R., de Groot, R., Braat, L., Kubiszewski, I., Fioramonti, L., Sutton, P., Farber, S., & Grasso, M. (2017). Twenty years of ecosystem services: How far have we come and how far do we still need to go? *Ecosystem Services, 28(*A), 1–16. https://doi.org/10.1016/j.ecoser.2017.09.008

Cui, G., Lee, W.-K., Kim, D., Lee, E. J., Kwak, H., Choi, H.-A., Kwak, D.-A., Jeon, S., & Jeon, S. (2014). Estimation of forest carbon budget from land cover change in South and North Korea between 1981 and 2010. *Journal of Plant Biology, 57*(4), 225–238. https://doi.org/10.1007/s12374-014-0165-3

Daily, G. C. (1997). *Nature's Services: Societal dependence on natural ecosystems*. Island Press.

Dong, X., Yang, W., Ulgiati, S., Yan, M., & Zhang, X. (2012). The impact of human activities on natural capital and ecosystem services of natural pastures in north Xinjiang, China. *Ecological Modelling, 225,* 28–39. https://doi.org/10.1016/j.ecolmodel.2011.11.006

Hanley, N., Shogren, J. F., & White, B. (2009). *Environmental Economics: In theory and practice.* Palgrave Macmillan.

World Economic Forum.(2024). *Investing in natural capital: Innovations supporting much-needed financing for nature.* World Economic Forum. https://www.weforum.org/publications/investing-in-natural-capital-innovations-supporting-much-needed-financing-for-nature/

Kim, D.-H., Sexton, J.O., Noojipady, P., Huang, C., Anand, A., Channan, S., Feng, M., & Townshend, J.R. (2014). Global, Landsat-based forest-cover change from 1990 to 2000. *Remote Sensing of Environment, 155*, 178–193. https://doi.org/10.1016/j.rse.2014.08.017

Lienhoop, N., Bartkowski, B., & Hansjürgens, B. (2015). Informing biodiversity policy: The role of economic valuation, deliberative institutions and deliberative monetary valuation. *Environmental Science & Policy, 54,* 522–532. https://doi.org/10.1016/j.envsci.2015.01.007

Macmillan, D. C., Philip, L., Hanley, N., & Alvarez-Farizo, B. (2002). Valuing the non-market benefits of wild goose conservation: A comparison of interview and group based approaches. *Ecological Economics, 43*(1), 49–59. https://doi.org/10.1016/s0921-8009(02)00182-9

Mallin, C., Michelon, G., & Raggi, D. (2013). Monitoring intensity and stakeholders' orientation: How does governance affect social and environmental disclosure? *Journal of Business Ethics, 114*(1), 29–43. https://doi.org/10.1007/s10551-012-1324-4

Odum EP. (1971). *Fundamentals of Ecology (3rd edition)*. Philadelphia: Saunders.

Odum, H. T. (1996). *Environmental accounting: Emergy and environmental decision making*. New York: Wiley.

Pascual, U., Muradian, R., Brander, L., Gómez-Baggethun, E., Martín-López, B., Verma, M., Armsworth, P., Christie, M., Cornelissen, H., Eppink, F., Farley, J., Loomis, J., Pearson, L., Perrings, C., Polasky, S., McNeely, J. A., Norgaard, R., Siddiqui, R., Simpson, R. D., & Turner, R. K. (2012). The economics of valuing ecosystem services and biodiversity. Kumar P.(Ed.), *The economics of ecosystems and biodiversity: ecological and economic foundations*(pp.183-256). London: Earth Scan.

Pearce, D. (1988). Economics, equity and sustainable development. *Futures, 20*(6), 598–605. https://doi.org/10.1016/0016-3287(88)90002-x

Pearce, D. W., & Turner, R. K. (1991). Economics of Natural Resources and the Environment. *American Journal of Agricultural Economics, 73*(1), 227. https://doi.org/10.2307/1242904

Ruijs, A., Vardon, M., Bass, S., & Ahlroth, S. (2018). Natural capital accounting for better Policy. *Ambio, 48*(7), 714–725. https://doi.org/10.1007/s13280-018-1107-y

Spash, C. L. (2008). Deliberative monetary valuation and the evidence for a new value theory. *Land Economics, 84*(3), 469–488. https://doi.org/10.3368/le.84.3.469

United Nations. (2023). *Global Sustainable Development Report(GSDR).* United Nations: Department of Economic and Social Affairs. https://sdgs.un.org/gsdr/gsdr2023

Van Krevel, C. (2021). Does natural capital depletion hamper sustainable development? Panel data evidence. *Resources Policy, 72*, 102087. https://doi.org/10.1016/j.resourpol.2021.102087

Wolde-Rufael Y., & Mulat-Weldemeskel E. (2023). Is natural capital a blessing or a curse for capital accumulation in low income countries? *Resources Policy, 85*, 103958–103958.

https://doi.org/10.1016/j.resourpol.2023.103958

Zhang, Y., Bo, T., & Li, Y. (2015). Assessment on the vulnerability of different ecosystems to extreme rainfalls in the middle and lower reaches of Yangtze River. *Theoretical and Applied Climatology*, *121*(1-2), 157–166. https://doi.org/10.1007/s00704-014-1213-0

北京绿研公益发展中心 .(2024). *中英自然资本治理体系与地方实践比较研究——共识与挑战* . 北京绿研公益发展中心 . https://www.ghub.org.cn/news/detail/perspectives-natural-capital-II

陈倩茹，陈彬，谢花林，吴曼玉 & 宋国伟 .(2023). 数字赋能生态产品价值实现：基本逻辑与典型路径 . *中国土地科学，37*(11)，116-127.https://doi.org/10.11994/zgtdkx.20231110.171450

方精云 .(2021). 生态学学科体系的再构建 . *大学与学科，2*(04)，61-73.https://doi.org/CNKI:SUN:DXXK.0.2021-04-007

方恺 &HeijungsReinout.(2012). 自然资本核算的生态足迹三维模型研究进展 . *地理科学进展，31*(12)，1700-1707.https://doi.org/CNKI:SUN:DLKJ.0.2012-12-017

赫尔曼 • E • 戴利 & 乔舒亚 • 法利 .(2014). *生态经济学原理和应用* . 中国人民大学出版社 .

联合国环境规划署 .(2011). *迈向绿色经济——实现可持续发展和消除贫困的各种途径——面向政策制定者的综合报告* . 联合国环境规划署 .

刘耕源，杨志峰 & 杨青 .(2024). *生态产品价值实现的理论基础与实践路径* . 科学出版社 .

刘耕源 .(2018). 生态系统服务功能非货币量核算研究 . *生态学报，38*(04)，1487-1499.https://doi.org/CNKI:SUN:STXB.0.2018-04-035

刘世锦 .(2019). *基于“生态元”的全国省市生态资本服务价值核算排序评估报告* . 北京腾景大数据应用科技研究院 .

刘伯恩 .(2017). 自然资源管理体制改革发展趋势及政策建议 . *中国国土资源经济，30*(04)，18-21.https://doi.org/CNKI:SUN:ZDKJ.0.2017-04-006

柳荻，胡振通 & 靳乐山 .(2018). 美国湿地缓解银行实践与中国启示：市场创建和市场运行 . *中国土地科学，32*(01)，65-72.https://doi.org/10.11994/zgtdkx.20180129.122510

牛忠恩，何洪林，张梦宇，任小丽，张黎，冯莉莉 & 秦克玉 .(2025).2003—2020 年中国陆地生态系统质量评价及归因分析 . *地理学报，80*(07)，1901-1919.https://doi.

org/10.11821/dlxb202507012

欧阳志云，朱春全，杨广斌，徐卫华，郑华，张琰 & 肖燚 .(2013). 生态系统生产总值核算：概念、核算方法与案例研究 . *生态学报，33*(21)，6747-6761.https://doi.org/CNKI:SUN:STXB.0.2013-21-001

欧阳志云，林亦晴 & 宋昌素 .(2020). 生态系统生产总值（GEP）核算研究——以浙江省丽水市为例 . *环境与可持续发展，45*(06)，80-85.https://doi.org/10.19758/j.cnki.issn1673-288x.202006080

乔瑞，林国斌 & 蔡为民 .(2023). 国外自然资源资产管理模式及启示 . *合作经济与科技，*(11)，103-105.https://doi.org/10.13665/j.cnki.hzjjykj.2023.11.050

宋马林，崔连标 & 周远翔 .(2022). 中国自然资源管理体制与制度：现状、问题及展望 . *自然资源学报，37*(01)，1-16.https://doi.org/CNKI:SUN:ZRZX.0.2022-01-001

邵辉，张远东，顾峰雪，缪宁 & 刘世荣 .(2020). 长江经济带水分利用效率变化及与温度和降水的关系 . *生态学报，40*(16)，5579-5590.https://doi.org/10.5846/stxb201901020010

孙博文 .(2023). 建立生态产品价值实现机制："五难"问题及优化路径 . *天津社会科学，*(04)，87-97.https://doi.org/10.16240/j.cnki.1002-3976.2023.04.017

王华梅 & 程淑兰 .(2017). *自然资本与自然价值——从霍肯罗尔斯顿的学说说起* . 山西经济出版社 .

王怀毅，林德荣，李忠魁 & 赵晓迪 .(2022). 生态产品价值实现：国际经验 . *世界林业研究，35*(03)，118-123.https://doi.org/10.13348/j.cnki.sjlyyj.2022.0035.y

王金南，马国霞，於方，彭菲，杨威杉，周夏飞，周颖 & 赵学涛 .(2018).2015 年中国经济－生态生产总值核算研究 . *中国人口・资源与环境，28*(02)，1-7.https://doi.org/CNKI:SUN:ZGRZ.0.2018-02-001

王美红，孙根年 & 康国栋 .(2009). 我国自然资本、人力资本与经济资本的空间错位分析 . *科学学研究，27*(01)，59-65.https://doi.org/10.16192/j.cnki.1003-2053.2009.01.009

埃里克・诺伊迈耶著 .(2005). *强与弱：两种对立的可持续性范式* . 王寅通译 . 上海译文出版社 .

谢高地，鲁春霞 & 成升魁 .(2001). 全球生态系统服务价值评估研究进展 . *资源科学，*

23(06)，5-9.https://doi.org/CNKI:SUN:ZRZY.0.2001-06-001

谢高地，鲁春霞，冷允法，郑度 & 李双成 .(2003). 青藏高原生态资产的价值评估 . *自然资源学报，18*(02)，189-196.https://doi.org/CNKI:SUN:ZRZX.0.2003-02-010

谢高地，张彩霞，张雷明，陈文辉 & 李士美 .(2015). 基于单位面积价值当量因子的生态系统服务价值化方法改进 . *自然资源学报，30*(08)，1243-1254.https://doi.org/CNKI:SUN:ZRZX.0.2015-08-001

谢高地 & 林智钦 .(2024). 生态系统资产与服务评估核算研究 . *中国软科学*，(S1)，388-393.https://doi.org/CNKI:SUN:ZGRK.0.2024-S1-037

杨艳，李维明，谷树忠 & 王海芹 .(2020). 当前我国生态产品价值实现面临的突出问题与挑战 . *发展研究*，(03)，54-59.https://doi.org/CNKI:SUN:FZYJ.0.2020-03-008

张璐 & 王浩名 .(2023). 数字经济时代生态产品价值实现的法律构造——以“蚂蚁森林”为例 . *南京社会科学*，(07)，66-77.https://doi.org/10.15937/j.cnki.issn1001-8263.2023. 07.008

张文明 & 张孝德 .(2019). 生态资源资本化：一个框架性阐述 . *改革*，(01)，122-131.

张志强，徐中民 & 程国栋 .(2001). 生态系统服务与自然资本价值评估 . *生态学报，21*(11)，1918-1926.https://doi.org/CNKI:SUN:STXB.0.2001-11-023

张彩平，姜紫薇，韩宝龙 & 谭德明 .(2021). 自然资本价值核算研究综述 . *生态学报，41*(23)，9174-9185.https://doi.org/10.5846/stxb202006241648

中国金融学会绿色金融专业委员会金融支持生物多样性研究组 .(2024). *人与自然和谐共生：生物多样性金融 2024 年度报告* . 中国金融出版社 .

朱道林，王健，张倩 & 段文技等 .(2022). *自然资源资产核算国际比较与借鉴* . 中国大地出版社 .

张林波，虞慧怡，郝超志 & 王昊 .(2021). 国内外生态产品价值实现的实践模式与路径 . *环境科学研究，34*(06)，1407-1416.https://doi.org/10.13198/j.issn.1001-6929.2021.01.01